KB125325

게 알려주는 것들

별빛이 우리에게 알려주는 것들

초판 1쇄 발행 2023년 7월 17일

지은이 / 노다 사치요
옮긴이 / 허정숙
일러스트 / 쿠노마리(KUNOMARY)

발행 / 케렌시아
인쇄 / (주)다해씨앤피
일원화 구입처 / 031-407-6368 (주)태양서적
등록 / 2021년 11월 18일 (제386-2021-000096호)
이메일 / niceheo76@gmail.com
ISBN 979-11-976811-7-2 (03440)

값은 표지에 있습니다.

모두를 위한 쉽고 재미있는 우주 이야기

별빛이 우리에게 알려주는 것들

노다 사치요 지음   허정숙 옮김

케렌시아

시작하며

잠들기 전에
마음으로 떠나는 우주여행

이런 풍경을 상상해 보세요.

화창한 날 당신은 밖에 있습니다.

맑은 하늘
기분 좋은 바람
싱그러운 풀냄새

당신이 있는 곳이 거리라면, 오가는 사람들이나 자동차
들의 소리가 들릴 것입니다.

당신이 있는 곳이 들판이라면, 잎이 흔들리는 작은 소리까지 기분 좋게 귀에 들릴지도 모릅니다.

깊은숨을 천천히 내쉬며 고개를 들어 시선을 하늘로 돌릴 때, 당신은 무엇을 보게 될까요?

우연히 눈에 들어온 무언가, 예를 들면 구름이나 새… 눈동자에 비친 것을 무심코 쫓을지도 모르겠습니다.

태양이 지고 밤의 세계가 되면, 반짝반짝 빛나는 별을 찾을지도 모릅니다.

그다음엔, 그냥 '바로 위'를 올려다보세요.

올려다본 당신의 바로 위에는 당신 외에 아무도 없을 것입니다.

물론 구름이 떠 있을지도 모르고, 하늘 높이 제트기가 지나갈지도 모릅니다.

그렇지만, 보통 그곳에는 지상의 아무도 없고, 대지에 선 당신과 깊은 우주공간과의 연결만이 있습니다.

당신의 시선은 먼 우주로 연결되는 길입니다.

그 길에는 당신의 눈에 보이지 않는 무수히 많은 천체

의 희미한 빛이 여기저기에 다양한 모습으로 떠 있습니다.

우주공간은 당신의 시선이 닿는 끝보다, 당신이 생각하는 우주보다 아마 더 깊숙하게 이어질 것입니다.

다시 말하면, 당신이 알고 있는 푸른 하늘도, 하늘 가득한 별도, 별과 별 사이를 메우는 어두운 곳도, 당신에게는 아주 가까운 우주에 지나지 않습니다. 아무리 눈을 크게 떠도, 당신은 거대한 우주공간의 아주 작은 일부분을 보고 있을 뿐입니다.

하지만 사실, 우주는 당신으로부터 결코 먼 세계는 아닙니다. 무슨 이야기일까요?

당신은 지금, 바위로 된 행성 위에 있습니다.

모든 생물도, 세계 곳곳에 사는 사람들도, 당신 자신도, 바다도 산도 계곡도 길가의 돌멩이조차도, 캄캄한 우주공간에 떠 있는 바윗덩어리에 타고 있습니다.

이 바위의 대지를 우리는 '지구'라고 부릅니다.

지구는 138억 년이라는 우주의 성장 속에서 태어났습니다. 그리고 그 지구의 성장 속에서 생물들은 태어나고 죽고 바뀌면서 40억 년의 시간을 넘어 생명을 이어가고 있습니다. 한 번도 끊어지지 않고 이어진 그 이야기의 한 장면에서 '당신'이 태어났고, 지금 이 책을 읽고 있는 것입니다.

우주가 멀지 않은 것은 우주가 바로 당신의 이야기가 펼쳐지는 무대이기 때문입니다.

바로 위를 올려다보는 당신은 이미 어마어마하게 큰 무대에 서서, 생명을 불태우면서 그 한 장면을 바라보고 있는 것입니다.

사람은 여행을 하면서 무언가 깨닫는 경우가 있습니다. 자신이 살고 있는 곳에서 벗어나, 지금 있는 장소를 줌아웃하면, 평소와는 다른 풍경이 보이기 마련입니다.

이런 것처럼 우주공간에서 지구나 인간, 자기 자신을 바라보는 시선, 즉 '우주의 시선(유니버설한 시선)'으로 보는 것은 어떨까요?

우주는, 크기도 시간의 흐름도 최대입니다.

이 특별한 시선은 설렘을 주기도 하며, 사람을 치유하거나 살아가는 데 어떤 힌트를 주기도 합니다.

예를 들어, 아름다운 달을 보면서 마음을 놓기도 하고, 그 아래에서 우왕좌왕하는 자신과 사람들의 모습에 정신이 번쩍 들 수도 있습니다. 그리고 어마어마하게 긴 우주의 시간을 알게 되면, 지금 살아 있는 자신의 생명이 찰나의 순간임을 깨달을 수도 있습니다.

이 책의 목적은 과학에 축을 두고, 가능한 한 쉽게 '우주의 시선'으로 바라보는 것입니다.

우주와의 관계가 조금이라도 가까워지기를 바라며, 지금까지 우주라는 주제에 그다지 관심이 없었던 분들도 쉽게 이해할 수 있도록, 복잡한 내용이나 지식은 가능한 한 생략했습니다. 또한, 예시를 사용하거나 반복해서 설명하거나 표현을 바꾸기도 하고, 수학적인 부분도 계산하기 쉽게 해서, 밤에 잠들기 전에 읽기에 적당하게 썼습니다.

혹시, 어려운 부분이 있어도 신경 쓰지 말고(언젠가 알면 좋겠습니다), 반대로 잘 아는 부분은 건너뛰어 읽기도 하면서, 부담을 내려놓고 자신의 큰 세계와 만나는 '우주의 시점'을 즐기기를 바랍니다.

'아, 그런 거구나' '이건, 무슨 말이지?'라고 당신의 마음이 움직이거나, 더 알고 싶어서 입문서나 해설서를 찾아보고, 과학관에 가 보기도 하거나, 혹은 마음이 그냥 따뜻해지거나, 스스로가 더 좋아지기도 하고, 지금보다 더 지구를 소중하게 여기게 되는, 조금은 다른 각도에서 이 세계를 생각해 보는 작은 계기가 되면 좋겠습니다.

차례

마음으로 떠나는 우주여행

그래도 도는 지구 위에서

우주로 나가
대지를 생각하다

별하늘에
나가 보면

당신은 최근에 별을 본 적이 있습니까?

어젯밤에 본 사람도 있고,
'어? 언제였더라?' 하는 사람도 있을 것입니다.

나는 우주에 관한 행사에서 사람들에게 같은 질문을 할 때, 방이 어두우니까 박수로 대답하게 할 때가 있습니다.
"최근 별을 본 사람 있나요?"라고 물으면 힘찬 박수 소리가 들립니다.
"안 본 사람 있나요?"라고 물으면 여기저기서 뭔가 미안

함이 느껴지는 박수 소리가 들립니다.

'우주 이야기를 들으러 왔는데, 왠지 죄송하네' 하는 생각이 들었는지도 모르겠습니다.

그러나 별이나 하늘을 보지 않은 것이 그 사람 탓만은 아니겠죠. 사실 하루하루가 바빠서 그럴 여유가 없는 사람도 많을 것이고, 나를 포함해 도시에 사는 사람들에게는, 높은 건물이 많아서, 별은커녕 하늘의 존재감도 그리 크지 않을 것입니다. 그래서 최근에는 이렇게 말합니다.

"안 본 사람도 당당하게 박수! 괜찮아요, 이제부터 같이 보면 됩니다."

어느 코미디 프로그램에 이런 장면이 있었습니다.

'신성(新星)을 맨눈으로 발견'하려고 한다면서, 다소 엉터리 단체의 리더와 단원이 신입 단원에게 '신성'을 발견하기 위한 '수수께끼 포즈'를 설명하는 것이었습니다.

참고로 천문학에서의 '신성'은 새로 태어난 별이 아닙니다. 태어나기는커녕 별이 나이가 훨씬 들었을 때 몇 가지의 조건이 맞아서 일어나는 우주의 폭발 현상을 말합니다.

그때까지 밤하늘의 그 자리에 아무것도 없다고 생각했는데, 갑자기 밝은 별이 나타나니 그런 이름이 붙은 것이죠.

그건 그렇고, 그 수상한 단체의 리더와 단원은 깊은 밤 산속에서 강의를 시작합니다.

먼저 양손을 수평으로 뻗은 다음, 손을 자신의 두 눈 밑에 갖다 대세요.

당신도 해 보세요.

잉~ 하고 울기만 하면 '가짜 울음' 포즈와 똑같아요.

단원들은 익숙한 듯이, 몸을 앞으로 조금 숙여서 하늘을 올려다보고 "어? 대장님! 찾았습니다!"라고 합니다. 그 묘하게 이상한 모습과 배우들의 연기가 어우러져 나도 모르게 웃음이 터졌습니다.

그런데 가만 생각해 보니 아닌 게 아니라, 말이 되는 것 같기도 합니다. 사실 나를 포함한 천문학자들이나 별을 좋아하는 사람들은 밤마다 이런 비슷한 일을 해왔기 때문입니다.

내가 사는 거리의 별하늘은 화려하다고는 할 수 없습니다. 그래서 베란다나 마당이나 퇴근길에서 별을 보려고 직업상 궁리를 합니다.

예를 들어, 장소를 조금씩 이동해 봅니다. 가로등 불빛이 눈으로 바로 들어오는 것을 피하기 위해서입니다. 운이 좋으면 몇 걸음 이동하는 것으로 끝날 수도 있습니다.

이동해도 안 되면, 그다음은 손등으로 가로등을 가려봅니다. 한 손으로 안 된다면 양손으로 가립니다.

직접 해 보면, 저 단원들과 비슷하게 '미스터리한 포즈'로 서 있게 됩니다.

실제로 이렇게 인공 불빛이 눈에 들어가지 않으면, 눈의 감도가 올라가면서 보이는 별의 수가 더 늘어날 수 있습니다. 도시에서도 별하늘을 볼 수 있는 것입니다.

상상의 세계에 둥둥 떠서 고도를 높입시다

그럼, 이제부터 당신의 상상력을 맘껏 펼쳐봅시다.

깊은 밤, 당신은 풀밭에 누워 있습니다.

그냥 누워서 멍하니 밤하늘만 바라보고 있습니다.

부드러운 바람에 흔들리는 초목의 소리를 타고 풀냄새와 흙냄새가 퍼집니다.

한없이 펼쳐진 밤하늘에는 본 적 없는, 하늘을 가득 메운 별들이 있습니다.

강렬하게 반짝반짝 빛나는 별도 있고, 수줍게 살짝 보이는 별도 있습니다.

가끔 별이 스르르 흘러 사라집니다. 별똥별입니다.

멍하니 바라보고 있으면, 빛과 빛 사이의 어두운 곳으로 빨려 들어갈 것 같은 기분이 들기도 하지요.

저 어둠은 어디로 이어지는 것일까?

이어진 그 끝에는 무엇이 있을까?

우리는 그곳을 '우주'라고 부릅니다.

우주는 도대체 어떤 곳일까요?

상상의 세계에 둥둥 떠서 이번에는 어둠을 향해 고도를 더 높여 볼까요.

높이 올라갈수록 당신이 있던 곳은 발밑으로 점점 작아집니다.

어둠 속에서 희미하게 보이는 먼 산과 강, 곧 계곡과 바다도 눈 아래로 펼쳐집니다.

고도를 더 높이면 대기권을 벗어나, 드디어 우주공간입니다.

당신을 당기는 중력이 훨씬 작아집니다.

발을 디딜 대지는 더 이상 없습니다.

소리도 없고

냄새도 없고

바람도 없는

그저 어둠의 세계[*]

우주공간이 어두운 것은 태양 빛을 반사하는 것이 거의

---

[*] 우주에는 희미한 냄새를 유발하는 물질이 있다고 하는데 자세한 조사는 이제부터입니다.

없기 때문입니다.

우주비행사들은 이 어둠을 이렇게 표현합니다.

'칠흑의 벨벳'
'상상을 초월하는 암흑'

근데 어둡기만 한 건 아닌 것 같아요. 별이 있습니다. 어떤 우주비행사는 '빛나는 무수한 천체를 온통 박아놓은 검은 우주공간'이라고 말합니다.

'천체(天體)'란 우주공간에 있는 모든 물체, 즉 태양과 같은 항성, 지구와 같은 행성, 달과 같은 위성 그리고 혜성, 성단, 성운, 성간 물질, 인공위성 따위를 통틀어 이르는 말입니다.

우주공간에는 별빛을 반짝이게 하는 공기도, 별빛이 묻히는 거리의 등불도 없으니까 분명 지상에서는 절대 볼 수 없는 웅장한 별하늘이 있겠지요.

이번에는 상상의 우주공간에서 돌아보겠습니다.

암흑 속에 파랗게 빛나는 묵직한 구체가 떠 있을 것입

니다.

지구입니다.

어둠 속에 떠 있는 지구는 사진이나 영상으로는 감히 표현되지 않을 정도로 아름답다고 합니다.

예를 들어, 우주비행사 제임스 어윈(James Irwin)은 '상상할 수 없을 정도로 아름다운 유리구슬', '너무 약해서 깨지기 쉽고, 손이 닿으면 산산조각이 날 것 같다'라고 말했습니다. 거기에 덧붙여 '아름답고, 따뜻하고 그리고 살아 있다'라고 하며 마치 생물처럼 느꼈다고 합니다.[*]

지구가 생물이라니 조금 의외일지도 모르겠네요. 하지만 지구가 생물과 비슷하다고 생각한 사람은 옛날부터 있었던 것 같습니다.

그런 재미있는 영상이 하나 있습니다.

3만 6,000km 상공에서 지구를 내려다보는 일본의 기상

---

[*] 「지구/어머별」 다케우치 히토시 감수, 케벤 W 켈리 기획편집, 쇼가쿠칸

위성 '해바라기 8호'가 촬영한 일 년 치의
영상을 연결하여 빨리 감기를 한 것입니다.[*]

영상 보기

영상에서는 하얀 구름이 동그란 지구 여
기저기에서 생겼다가 사라집니다.

보고 있으면 구름은 어느새 나타나서 구
불구불 움직이다가 소용돌이치고, 그러다가 흩어지고….
지구의 표면을 쓰다듬으며 시시각각 모습을 바꿔 갑니다.

한참을 보고 있으면 파란색과 흰색의 구체가 정말 생물
처럼 보여서 왠지 이상한 기분이 듭니다.

자, 이제 마음속으로 지구라는 행성을 천천히 잘 살펴봅
시다.

마음의 눈으로 보는 것은 매우 중요합니다. 우리는 무의
식중에 눈에 보이는 것들이 전부라고 생각하기 쉽기 때문
입니다.

우주에서는 흰 구름 아래의 세세한 모습까지는 알 수 없
을지도 모릅니다. 하지만 거기에는 단단한 땅이 있고, 따뜻

---

[*] 'A Year Along the Geostationary Orbit' http://vimeo.com/342333493

한 빛이 있고, 공기가 있고, 바람이 있고, 바다가 있고, 산이 있고, 계곡이 있고, 강이 있어서 무수한 생명이 살아가고 있다는 것을 우리는 마음의 눈으로 볼 수 있습니다.

우주공간에서 보이지 않는 무수한 생명 하나하나에는 삶이 있으며, 소리가 있고, 냄새가 있고, 목소리가 있고, 생각이 있으며, 결코 똑같은 것이 없다는 것도 우리 마음은 알고 있습니다.

이 행성에서 각각의 생명이 얼마나 머물 수 있는지는 모두 차이가 있지만, 우주의 시간으로 생각하면 어느 것도 한순간의 덧없는 것일 뿐입니다.

이 책을 읽고 있는 당신도 그 수많은 생명 중 하나로, 삶의 하나로, 소리의 하나로, 냄새의 하나로, 목소리의 하나로, 존재의 하나로, 유구한 우주의 시간 속에서, 시커먼 우주공간에 떠 있는 푸른 행성의 표면에, 그저 지금 있을 뿐인 것입니다.

이 사실의 진정한 의미를 알고 있는 사람은 어른이라도 어쩌면 그리 많지 않을지도 모릅니다.

당신은 지구인이며, 태양계인이고 은하계인…

이번에는 지구 바깥쪽으로 눈을 돌려볼까요?

우리와 가장 가까운 천체는 달입니다.

달은 둥글었다가 가늘어졌다가 하는 '차고 기욺'을 반복합니다.

사람들은 아주 오래전부터 하늘에 크게 떠올라 날마다 모양을 바꾸는 달과 가까웠습니다.

달은 행성인 지구의 주변을 도는 '위성(衛星)'이라고 불리는 천체입니다. 지구 지름의 30배만큼 떨어진 우주공간에 떠올라 태양 빛을 반사하며 조용히 빛나고 있습니다.

물론, 지구와 달 둘만 있는 것은 아닙니다.

지구도 달도 '태양계'라 불리는 집단의 일원입니다.

태양계에는 8개의 행성이 있습니다.

중심인 태양에서 가까운 쪽부터 '수, 금, 지, 화, 목, 토, 천, 해'라고 배운 사람도 많을 것입니다. 순서대로 수성, 금성, 지구, 화성, 목성, 토성, 천왕성, 해왕성입니다.

우리가 사는 지구는 3번째 궤도를 도는 태양계의 제3 행성입니다.

행성들은 46억 년 전에 태양계가 생겼을 때, 함께 탄생한 것으로 생각됩니다. 말하자면 행성들은 동료이자 형제들입니다.

8개의 형제 행성은 각각 개성이 있습니다.

예를 들면, 태양계에서 가장 큰 행성은 5번째 궤도를 도는 목성입니다. 목성은 크기(지름)가 지구의 11배나 되는 거대한 행성입니다. 시기에 따라 밤하늘에서 매우 밝게 빛나는 경우도 있습니다.

목성에는 지구와 달리 표면에 육지가 없기 때문에 산도 계곡도 없습니다. 목성은 바위로 이루어진 지구와 다르게 두꺼운 '가스 행성'입니다.

목성 표면에는 큰 가스 폭풍이 만들어 내는 줄무늬와 소용돌이의 복잡한 무늬가 있습니다. 목성은 섬뜩하고 불길하면서도 아름다운 거대 행성입니다.

그 외에도 지구와는 다른 점이 있습니다.

지구는 보통 24시간에 1회전(자전) 하지만, 목성은 겨우

10시간입니다. 지구 자전의 절반도 안 되는 시간에 그 거구가 한 바퀴 도는 것입니다.

게다가 지구의 위성이 달 하나인 것에 비해 목성은 70개가 넘습니다.* 목성의 위성 중, 작은 천체망원경으로도 볼 수 있는 4개의 눈에 띄는 위성을 발견자의 이름을 따서 '갈릴레이 위성'이라고 부릅니다. 그중 하나인 '가니메데(Ganymede)'는 태양계에서 제일 큰 위성으로 행성인 수성보다도 큽니다.

태양계의 가장 바깥을 도는 제8 행성인 해왕성도 개성이 있습니다.

해왕성은 '얼음 행성'입니다.

크기(지름)는 지구의 4배 정도이며, 위성은 14개가 발견되었습니다.

해왕성 역시 산이나 계곡은 보이지 않습니다.

표면의 메탄이라는 성분이 태양 빛을 흡수하거나 반사해서, 지구와는 또 다르게, 신비하면서 옅은 푸른색으로

---

* 『이과연표 2022』에 따르면, 목성의 위성 개수는 등록 번호로 72개, 2021년 8월까지 발견된 보고로는 79개입니다.

빛납니다.

해왕성은 지구에서 약 45억km 떨어져 있는데, 이는 여객기 속도로 바로 가도 500년 이상 걸리는 거리입니다. 멀고 어둡기 때문에 지구에서 육안으로는 볼 수 없습니다.

목성도 해왕성도 비슷한 시기에 태어난 지구와 모습이 상당히 다르네요.

이렇게 다른 행성과 비교해 보면, 오히려 지구의 특징을 잘 알 수 있습니다.

지구는 바위로 되어 있고, 단단한 땅이 있고, 투명한 공기가 있고, 액체인 물이 있고, 달이라는 위성 하나가 있는 행성입니다.

그런데 내가 어릴 때는 8번째의 해왕성 뒤에 명왕성이 있었는데, 지금은 들어가 있지 않습니다.

"명왕성은 없어졌나요?"

의아하게 그리고 조금 걱정스럽게 질문하는 사람이 있는데, 없어진 것이 아니라 다른 그룹에 들어가게 된 것입니다.

관측 기술이 발달해서 자세히 조사할 수 있게 되자 명왕성의 특징이 지구나 목성, 해왕성과는 조금 다르다는 것을 알게 되었습니다. 게다가 명왕성과 비슷한 천체가 그 외에도 발견되기 시작했습니다.

그래서 천문학의 국제적인 연구기관인 국제천문연맹(International Astronomical Union; IAU)*이 2006년에 행성의 정의를 다시 제대로 정하기로 하였습니다. 그래서 명왕성 같은 천체는 새로 만든 '준행성'이라는 그룹에 들어가게 된 것입니다.

제9 행성이었던 명왕성이 행성이 아니게 된 것은 사람들이 만든 규정 때문이었네요.

우리가 있는 태양계는 제8 행성인 해왕성보다 더 멀리, 태양과 해왕성의 거리(약 45억km)의 수천 배나 밖까지 이어져 있는 것으로 생각됩니다.

그 태양계도 우주에 덩그러니 떠 있는 것은 아닙니다.

태양계는 '은하계'라는 별의 집단의 일원입니다.

은하계는 중심이 부풀어 오른 단팥빵 같은 모양입니다.

---

* 1919년 설립된 천문학의 연구가 집단입니다. 국제 협력을 통해 천문학 연구, 커뮤니케이션, 교육, 발전을 포함한 모든 측면에서 천문학을 추진하고 보호하는 사명을 가집니다. 2019년에 설립 100주년을 맞이했습니다.

둘레의 원반 부분은 크게 소용돌이치며, 한 번 회전하는 데 2억 년 이상이 걸립니다. 태양계는 은하계의 중심에서 상당히 떨어진 이 원반의 소용돌이 부분에 있습니다.

당신은 지구인이고, 태양계인이며, 은하계인인 것입니다.

은하계는 '하늘의 은하수'라고 합니다(이 책에서는 은하계라고 쓰고 있습니다).

태양처럼 스스로 빛나는 별을 '항성(恒星)'이라고 하는데, 은하계에는 이런 항성이 1,000억에서 2,000억 개나 모여 있습니다.

그러나 당신이 보고 있는 밤하늘의 모든 별은, 그중 당신과 가장 가까운 것들뿐입니다. 은하계는 끝없이 큽니다.

즉, 당신은 지금 지구에 탄 채로 태양계를, 그리고 밤하늘의 별들을, 은하계의 원반 안을 떠돌며 돌고 있는 것입니다.

그런데 우리 은하계도 우주의 전부는 아닙니다.

오히려 은하계는 우주 안에서는 바늘 끝으로 찌른 정도의 점일 뿐이며, 은하계 밖에도 셀 수 없이 많은 은하가 끝없이 떠 있는, 더 넓고 깊은 우주가 끝없이 계속됩니다.

끝없이?

우주에 끝은 있을까요?

이 우주 어딘가에 인간과 닮은 생물이 또 있을까요?

우리는 아직 지구 이외의 별의 주인을 만난 적이 없습니다.

우리는 단 하나뿐인 이 작은 천체를 벗어나 본 적이 없고, 아직은 떠나서 살 수 없는 지구 생명체 중 하나입니다.

우주가 아무리 넓다고 해도 당신이 사는 곳은 이 작고 아름다운, 바위 행성의 위입니다.

우리가 당연하게 생각하는 것 1
- 물 -

음악가이자 작가, 수필가인 나카지마 라모의 『특선 밝은 고민 상담실』*은 남녀노소의 조금 이상한 상담을 모은 에세이입니다.

한 여성에게서 '우리 언니가 태어날 아이에게, 화장실 휴지는 학을 접은 다음에 사용해야 한다고 가르칠 거라는데, 그걸 어떻게 못 하게 하죠?'라는 내용의 상담이 들어왔습니다. 나는 어이없는 질문에 피식 웃었습니다.

화장실은 철저하게 개인적인 공간입니다. 그 아이는 어

---

* 『나카지마 라모의 특선 밝은 고민 상담실 1 일본의 가정편』 나카지마 라모, 슈에이샤

쩌면 평생 그렇게 학을 혼자 조용히 접다가, 언젠가 자신의 아이에게도 똑같이 가르쳐 줄지도 모릅니다. 그렇게 되면 이제 남들은 잘 모르는 전통이 되는 것입니다.

나는 언니분이 아이에게 가르치려는, 어떻게 보면 무해하고 장대한 '당연함'이 생겨날 가능성에 묘하게 감탄했습니다.

그래서 갑자기 생각났습니다.

내 아들은 초등학교 2학년까지 엄마의 이름을 '어머니'라고 알고 있었습니다. 나의 오랜 지인 중에는 '소금'을 '속음'이라고 생각하는 대학교수도 있습니다.

그들이 진실을 깨달은 순간의 얼굴을, 나는 잊을 수가 없습니다.

개인의 '당연하다'는 감각은 긴 시간의 숙성에서 나온다고 생각합니다.

시작부터 이야기가 살짝 빗나갔습니다만, 이제부터 우리가 살고 있는 집인 지구의 '당연함'에 관한 이야기를 해 봅시다.

인류 최초로 우주에 간 우주비행사 유리 가가린(Yurii

Alekseevich Gagarin)은 지구의 아름다운 색과 얇은 대기의 풍경에 대해 말했습니다.[*] 그 이후의 우주비행사들도 우주에서 본 지구의 빛과 물과 공기의 신비, 거기에 사는 생명의 신비함을 느낀 것 같습니다.

그런데 우리는 물도 공기도 생명도 일상생활의 당연함이라 생각합니다.

그렇다면 실제로 이것들은 얼마나 '당연'하며, 또 얼마나 '당연하지 않은' 것일까요?

물의 당연함

먼저, 물을 생각해 봅시다.

단수가 되면, 물통에 받아놓은 물로 식사 준비나 설거지를 하고, 화장실에서도 물을 찔끔찔끔 사용하면서, 우리가 평소에 얼마나 물을 사치스럽게 사용했는지 절감합니다. 단 몇 시간의 단수이지만, 수도꼭지에서 물이 콸콸 나오는

---

[*] 『가가린 인류 최초의 우주비행사, 전설의 뒤편에서』 제이미 도란 / 피어스 비조니 지음, 히구라시 마사미치 번역, 가와데쇼보신샤

것이 얼마나 고마운 것인지 새삼 깨닫습니다.

사실, 물은 우주공간에도 많이 있습니다. 하지만 대부분 얼음입니다. 평소에 우리가 당연하게 사용하는 '액체 상태의 물'은 우주에서는 매우 귀합니다.

태양계는 가운데에 무겁고 큰 태양이 덩그러니 있고, 그 주위를 8개의 행성이 빙글빙글 돌고 있습니다.

앞장에서도 잠깐 언급했지만, 태양과의 거리에 따라 8개 각 행성의 특징이 크게 다르게 나타납니다.

우리가 살고 있는 지구는 울퉁불퉁한 '바위 행성(암석 행성)'으로 분류됩니다.

태양에서 가장 가까운 수성, 두 번째인 금성, 네 번째이면서 지구의 바깥쪽에서 도는 화성은 지구와 같은 바위 행성입니다.

화성 바깥쪽을 도는 목성과 토성은 '가스 행성'입니다.

그리고 바깥쪽의 천왕성과 해왕성은 '얼음 행성'입니다.

바위 행성인 지구에 풍부한 물이 있는 것처럼 보이는 것은 '액체 상태의 물이 표면을 덮고 있기' 때문입니다.

표면을 덮은 액체의 물, 즉 바다입니다.

'물의 행성'이라고도 불리는 지구 표면은 70%가 바다로 덮여 있습니다. 만약, 바다나 산의 울퉁불퉁한 곳을 없애고 지구 표면을 평평하게 만든다면, 지구 전체가 수심 2,000m(2km) 이상의 바다가 된다고 합니다.

강이나 호수도 많습니다. 원래 인간의 몸의 60~70%는 수분으로 이루어져 있습니다. 그런 우리의 문명은 강가 같은 물이 있는 곳에서 시작되었습니다. 인간에게 물은 생활하기 위해서도 생물로서 살아가기 위해서도 꼭 필요한 것입니다.

목성이나 토성의 위성 중에는 땅 밑에 액체 상태의 물이 있을 것 같은 위성도 발견되었습니다. 하지만 '표면에 액체 상태의 물'이 있는 것은 우리가 아는 한 현재 지구뿐입니다.

그렇다면, 지구는 왜 표면에 액체의 물을 가지고 있는 것일까요?

예를 들어, 지구 안쪽을 도는 금성은 크기도 무게도 지구와 비슷한 쌍둥이 같은 행성입니다.

그런데 금성은 작열하는 행성입니다.

표면 온도가 400도가 넘습니다. 400도는 납이 걸쭉하게 녹는 고온입니다. 상공에서는 시속 400km나 되는 폭풍이 몰아치고, 황산 비가 쏟아집니다.

금성의 두꺼운 대기는 이산화탄소입니다. 기압은 90기압인데, 90기압은 지구의 심해 900m의 수압에 해당합니다. 인간의 잠수(프리다이빙) 세계기록은 100m가 조금 넘는다고 하니까, 그것을 훨씬 넘은 900m가 되면, 우리의 코와 목, 가슴 등은 수압으로 완전히 찌그러져 버릴 것입니다.

그러한 금성의 물은 아주 옛날에 우주로 사라져 버렸다고 합니다.

금성처럼 지구 바로 옆에 있는 행성이라도, 환경이 많이 다르다는 것을 알겠지요?

물은 재미있다

생각해 보면, 물은 재미있는 물질입니다.

물을 냉동실에서 0도 이하로 얼리면, 얼음(고체)이 됩니다. 주전자나 냄비에 100도로 보글보글 끓이면, 수증기(기체)도 됩니다. 즉, 물은 액체(물)도 되고, 고체(얼음)도 되고, 기체(수증기)도 되는 물질입니다.

그러나 물이 액체 상태로 있으려면 '1기압에서는 0도에서 100도까지'라는 까다로운 조건이 있습니다. 그런데 여기서도 재미있는 점은 우리가 사는 지구의 대부분은 1기압 전후이고, 기온도 대체로 이 조건을 잘 충족하고 있다는 것입니다.

반면, 우주에서는 모습이 전혀 다릅니다.

우주공간은 거의 영하 270도의 극한으로 공기가 거의 없는 진공입니다. 액체의 물은 단번에 얼어 버립니다.

우주비행사 러셀 슈와이카트(Russell L. Schweickart)는 우주선에서 보이는 최고로 아름다운 경치는 "반짝반짝 일곱 빛깔로 빛나는 얼음 알갱이"라고 했습니다. 일곱 빛깔의 얼음이 반짝이며 암흑공간으로 사르르 흩어지는 것을 상상하면, 환상적이고 성스러운 풍경이 머릿속에 떠오르지 않습니까?

이 일곱 빛깔 얼음의 정체는 우주선 밖으로 나온 우주비행사들의 '오줌'입니다.

액체가 우주공간으로 나오면 곧바로 얼어붙어 많은 얼음 알갱이가 됩니다. 그것이 해 질 녘에는 태양 빛을 반사하여 '믿을 수 없을 정도로 아름답다'고 합니다.[*]

'일곱 빛깔의 얼음'의 정체가 오줌이라니, 조금 실망하셨을지도 모르겠네요.

하지만 나는 그 사실을 알고 더 아름다운 풍경이라고 생각하게 되었습니다. 그도 그럴 것이 생명이 없는 암흑의 공간에 생명의 증거인 액체가 방출되어 빛나면서 우주의 일부가 되어갑니다. 만약, 우주공간에 의식이 있고, 내가 그 우주공간이라고 한다면, 영원의 어두운 시간 속에서 한순간 일곱 빛깔로 흩어지는 생명의 얼음은 비할 데 없이 낭만적이고 아름다워 보일 것입니다(약간 마니아적인지도 모르겠네요).

뜨거운 금성과 우주공간의 오줌.

이처럼 우주로 눈을 돌려보면 알게 되는 것들이 있습니다.

---

* 『우주로부터의 귀환』 다치비나 다카시, 지음고분고

'물의 행성'인 지구의 비밀은 온도와 기압의 절묘한 균형에 있습니다.

수도꼭지에서 물이 콸콸 나오는 것도, 원래 당신의 몸이 수분이 가득한 상태인 것도, 사실 전혀 당연한 것이 아니라, 우주에서는 보기 드문 지구 특유의 하모니가 지탱하고 있는 것입니다.

『이과연표(理科年表)』에 따르면, 지구의 물의 총량은 연 14억㎞라고 합니다. 수치로만 보면 '많은' 것 같은데, 이 중 우리가 쓸 수 있는 물은 과연 얼마나 될까요?

조사해 보니 그나마 전체의 97% 이상은 바닷물입니다. 대부분이 짠 물인 것이지요. 짜지 않은 담수는 나머지 3% 미만으로 지구상 물의 극히 일부입니다. 더구나 그 3% 담수의 대부분은 빙하나 땅속 깊은 곳에 있는 지하수입니다.

이것저것 제하면, 지구 전체 물 중에 강이나 호수 등 우리가 이용할 수 있는 물은 단 0.01%입니다.

'0.01%'는 대략,

'지구 전체의 물이 욕조에 가득 담긴 물이라고 하면, 우리가 마실 수 있는 물은 큰 숟가락 1개의 분량'이라는 것입니다.

오늘 밤에 욕조로 가서 숟가락으로 물을 한번 떠 보세요.

우리는 정말 작은 양의 물을 모두가 나눠 써야만 하는 것
입니다.

심지어 '모두'에는 우리 인간만 있는 것이 아닙니다.

우리가 당연하게 생각하는 것 2
- 공기와 생명 -

아침 이슬이 빛나는 상쾌한 공기

숲의 녹음이 만드는 신선한 공기

맑은 공기를 가슴 가득 들이마시면 아주 기분이 좋습니다. 나는 많은 사람 앞에서 말하기 전에, 대기실에서 숨을 깊게 들이쉬고 스트레칭을 한 다음 회장으로 들어갑니다.

그때 문득 생각합니다.

공기가 지구상 어디에나 있어서 참 다행이라고.

게다가 물과 다르게 공기는 기본적으로 공짜입니다.

우리는 세상에 태어난 순간부터 숨을 쉬는 생물입니다.

처음 자신의 폐로 호흡할 때의 '응애'하는 울음소리가 아이의 첫 고고(呱呱)입니다. 고고는 이 지구에서 살아가기 위한 호흡 시스템이 정상적으로 작동했다는 증거이기도 합니다.

그리고 태어난 이후부터 단 하루도 쉬지 않고 숨을 쉬고 있습니다. 성인은 1분에 15회 정도, 어린아이는 30회 정도 호흡합니다. 간단하게 계산해도 일 년에 800만~1,600만 회나 호흡하는 것으로 당신의 폐도 꾸준히 애썼다는 것이죠.

공기는 지구 전체를 살포시 감싸고 있습니다.

우주비행사 울프 메아볼트(Ulf Merbold)는 우주공간에서 본 그 공기를 '다크 블루 빛의 가는 줄기'라든지 '끝없이 펼쳐진 공기층이 아니다. 나는 그 믿을 수 없는 모습에 전율을 느꼈다'라고 표현하고 있습니다.[*] 그 밖에도 많은 우주비행사가 지구의 아름다움과 공기층의 무상함을 증언하

---

[*] 「지구/엄마별」 다케우치 히도시 감수, 케빈 W. 케리 기획편집, 쇼가구칸

고 있습니다.

사실, 공기층은 막처럼 얇습니다.

일반적으로 공기가 거의 존재하지 않는 고도 100km 위부터 '우주'라고 합니다.

그보다 상공에도 공기는 조금 있지만, 점점 적어지면서 끝이 없는 어두운 공간으로 연속적으로 이어집니다. 100km 정도면, 수평 방향으로는 고속도로에서 1시간 정도 거리입니다. 다소 먼(두꺼운) 느낌도 들지만, 수직 방향으로 100km는 지구 반경 6,400km의 단 2%입니다.

이 공기 두께를 빗대어서,

'지구가 사과라면, 공기층은 껍질보다 얇다'라고 하기도 합니다.

다음에 사과를 보면 꼭 기억하세요. 우리 생활의 모든 것, 생각나는 모든 일상은 이 얇은 공기의 막, 사과 껍질 속에서 일어나고 있다는 것을.

만약, 사람이 우주공간에 우주복 없이 맨몸으로 툭 던져진다면, 어떻게 될까요?

거의 진공인 상태로 공기가 없기 때문에 숨을 쉴 수가 없습니다.

그리고 태양에서 오는 강하고 위험한 방사선은 탁탁(소리가 나지는 않지만) 사정없이 몸을 뚫고 나갑니다.

우주공간은 대략 영하 270도의 차가운 곳입니다.

앞서 우주비행사의 '오줌' 현상에서 본 것처럼, 전체의 60~70%가 수분인 인체가 어떻게 될지 상상만 해도 소름이 끼칩니다.

지구와 비교적 가까운 곳에서는 쇳덩어리가 맹렬한 속도로 돌진해 옵니다. 우주 쓰레기(Space Debris)입니다. 우주 쓰레기는 우주공간에 남겨진 인공위성의 파편이나 로켓의 일부입니다. 우주 쓰레기와 충돌할 때의 속도는 권총의 10배 이상입니다. 사람이 맞는다면 당연히 대참사겠죠.

운용 중인 위성과의 심각한 이상 접근(Near Miss)은 실제로도 일어나고 있습니다. 그래서 90분 만에 지구를 한 바퀴 도는 국제우주정거장(International Space Station ; ISS)도 이 위험한 쇠 부스러기와 부딪히는 것을 피하기 위해 가끔 궤도를 수정합니다.

즉 우리가 서 있는 지면 바로 위에서 시작되는 우주공간은 맨몸 상태의 지구 생명에게는 곧 '죽음'을 의미하는 장소입니다.

그러한 삶과 죽음의 경계에서 우리를 감싸고 있는 것이 베일처럼 얇은 공기의 막인 것입니다.

내가 처음 공기막을 본 것은 고등학생 때입니다.

우주비행사들이 촬영한 지구의 컬러 사진에 눈이 멀고, 그 대기의 아름다움과 덧없음에 숨이 멎었습니다. 그리고 우리의 매일의 삶이 이렇게 연약한 것들 아래에 있다는 사실이 두렵기만 했던 기억이 납니다.

그 무렵은 세계의 핵무기가 점점 증가하던 시기였습니다. 고작 행성인 대지와 얇은 공기의 막 사이에 있으면서, 지구와 자기 자신을 멸망시키는 도구를 가지려 하는 인간 세계의 모순에 아직 어렸지만 마음이 아팠습니다.

온 세상 어른들이 이것을 실감하게 하려면 어떻게 해야 할까, 일상 감각에 지식을 자기 몫으로 받아들이려면 어떻게 해야 할까, 이제 와 생각해 보면 이것을 계기로 조금씩 생각하게 되었는지도 모르겠습니다.

지구는 생명의 행성

생명에 대해서도 생각해 봅시다.

주위를 둘러보면 많은 생물이 있습니다.

밖으로 한 발 나가보면, 발밑에는 개미나 장구벌레, 작은 생물들이 매일 바쁜 것 같습니다. 흙이나 물속에는 더 많은 생물이 있고, 하늘을 올려다보면 새들이 날개를 펴고 저 멀리 상공을 날아갑니다.

나는 지금까지 물고기나 작은 동물 등 작은 생물을 키워 본 적은 있는데, 개나 고양이 같은 조금 더 큰 생물을 키우는 사람도 많이 있을 것입니다.

그렇습니다. 지구는 '생명의 행성'이기도 합니다.

지구 위에는 적어도 수백만 종의 생물이 있는 것으로 알려져 있습니다. 각각 원시의 생명에서 복잡하게 진화하여 현재의 모습이 되었습니다.

그중에서도 인간은 척추동물의 하나인 '포유류'로 분류됩니다.

포유류의 아기는 태어나기 전까지 엄마 배 속에 있으면

서 태반을 통해 산소와 영양을 공급받으며 자랍니다. 당신도 나도 그랬습니다.

포유류는 진화 과정에서 태반을 갖게 되면서 아기의 생존율을 훨씬 높였다고 합니다. 태반 덕분에 자손을 남기기 쉬워졌네요.

그런 태반의 진화에 관한 흥미로운 연구도 있습니다.

포유류가 태반을 가진 계기가 조상이 감염된 바이러스 때문일지도 모른다는 연구입니다.* 게다가 태반의 형태나 구조는 같은 포유류라도 생물 종에 따라 크게 다릅니다. 그 차이도 각각의 조상들이 각기 다른 태초 바이러스에 감염되었고, 그 결과 각각 개성 있게 업데이트되어 생겨난 차이일 수도 있다는 것입니다.

그러면 좀 흥미로워집니다.

왜냐하면, 지금 우리의 양육 스타일은 태초 바이러스와의 상호작용 때문이고, 지금도 레벨업 중이기 때문입니다.

———————————

* 일본경제신문 2020/05/30 전자판. 일본바이러스학회지 '바이러스' 제66권 제1호. 아사히신문 2022/01/05 조간(경론 「공진화해가는 세계」)

지상의 생물은 과거에 여러 바이러스에 감염되어 왔습니다. 그중에는 데미지가 너무 커서, 사라진 생물종이나 개체도 많이 있었을 것입니다.

반면, 적이라고 생각한 상대와 손잡는 놀라운 전략으로 위기를 기회로 바꿔 크게 버전업 한 우리 인간과 같은 생물도 있을 것입니다.

지구에서 태어난 생물은 지구환경 속에서 사는 것 외에 다른 선택지가 없습니다.

아직은 살 수 있는 별을 선택할 수 없습니다.

외부에서는 대지진이나 화산폭발 같은 지각변동에 위협을 받으면서, 내부에서는 몸속 바이러스나 역병에 공격당하면서, 도망갈 곳이 없는 평면 위를 이리저리 우왕좌왕하며 오늘날까지 살아온 것입니다.

날마다 무심코 보게 되는 어떤 동물이나 식물도, 우리와 마찬가지로 때때로 몸부림치면서, 힘겹게 혹독한 세월을 살아온 생물입니다.

물이나 공기나 빛이 없으면, 식물은 살 수 없습니다.

식물이 주는 신선한 공기가 없으면, 사람도 동물도 생명을 유지할 수 없습니다.

모든 생명은 물과 공기의 막으로 둘러싸인 작은 공간에서 서로 깊게 얽혀 살고 있는 것입니다.

우리가 평소에 '당연하다'고 생각하는 것 하나하나에 눈을 돌려보면, 지구에 사는 내가 서 있는 위치나 지금 여기에 살아 있는 신비함이 언뜻 보일 때가 있습니다.

생물들이 유연하게 생명을 이어가는 대지는 물과 공기가 만드는 아름다운 푸른빛으로 빛납니다. 지구의 푸름은 힘찬 '생명의 색'이라고도 할 수 있겠네요.

물론, 당신도 지구의 일부로 지구의 걸음과 함께하는 생물 중 하나입니다. 잠시 눈을 감고, 그것을 마음 깊은 곳에서부터 느껴 보세요. 다시 눈을 떴을 때, 보이는 세계가 아주 조금 달라질지도 모릅니다.

지상의
별하늘

밤하늘에 그리는
일러스트

별자리는 밤하늘에 그린 인류 최대의 일러스트입니다.

옛날 사람들은 밝은 별을 상상의 선으로 묶어 사람이나 동물, 신의 모습으로 생각해 왔습니다. '오리온자리'나 '처녀자리' 등 당신도 들어 본 적이 있는 별자리가 분명히 있을 것입니다.

당신은 자신의 탄생 별자리를 알고 있습니까?

양, 황소, 쌍둥이, 게, 사자, 처녀, 천칭, 전갈, 사수, 염소, 물병, 물고기자리. 이 12개 중 하나일 것입니다.

사실, 나는 우주에 관한 일을 하지만, 탄생 별자리에는 그다지 관심이 없는 편이었습니다. 우주 동호회나 이동식 플라네타륨(planetarium)*에서 만난 아이 대부분이 자신의 별자리에 관해 잘 알고 있어서, 처음에는 깜짝 놀랐을 정도입니다.

탄생 별자리는 다른 이름으로는 '황도 12궁'이라고 합니다. 이 12개의 별자리가 하늘에 일렬로 늘어서 있습니다. 일렬로 있는 것은 태양이 일 년에 걸쳐서 지나가는 (것처럼 보이는) 길이기 때문입니다.

무슨 말이냐면, 실제로는 지구가 태양 주위를 일 년에 한 바퀴 도는 것이지만(공전), 이것을 지구에서 보면 태양이 12개의 별자리 앞을 지나가는 것처럼 보이는 것입니다.

당신의 탄생 별자리는 그때 밤하늘에 떠 있는 별자리가 아니라 당신이 어머니에게서 태어나는 순간에 태양이 위치한 별자리를 뜻합니다. 생일 낮 무렵에는 태양이 가까이 있기 때문에, 자신의 별자리는 태양과 함께 낮에 뜨고, 안타깝게도 생일 밤에는 자신의 별자리를 하늘에서 찾을 수

---

* 둥근 천장에 4계절의 천체 운행과 배치된 상태를 나타내 주는 장치_옮긴이 주

없습니다.

자신의 탄생 별자리를 보고 싶은 사람은 생일의 한 계절 전에 볼 수 있습니다. 예를 들어 가을 11월생이라면, 한 계절 전인 여름 밤하늘에서 빛나고 있는 모습을 볼 수 있을 것입니다.

별자리는 하늘의 주소

별자리는 전 세계에서 탄생했습니다.

오래된 것은 지금으로부터 5,000년 정도 전 고대 메소포타미아에 기원이 있다고 합니다. 별자리는 인간이 아주 오래전부터 하늘을 올려다보며 많은 생각을 해 왔다는 증거이기도 합니다.

우리가 자주 듣는 별자리는 국제천문연맹이 세계 공통으로 사용할 수 있도록 정리한 88개의 별자리입니다. 여기에는 앞에 말한 12개의 탄생 별자리도 포함되어 있습니다.

현대 천문학자들은 '○○자리의 블랙홀'이나 '△△자리 방향의 은하' 같은 식으로 별자리를 이용합니다. 별들의 선을 연결한 방법이나 신화보다는 천체의 주소처럼 각 별자리의 구역을 연구에 유용하게 쓰고 있습니다.

그래서인지 천문학자 중에는 별자리의 이름은 알아도, 별을 연결하는 방법이나 신화에는 그다지 밝지 않은 사람이 꽤 있습니다(물론, 잘 아는 분도 많습니다). 여러분에게는 좀 의외일지도 모르겠습니다.

별자리를 찾으면 밤하늘이 훨씬 가까워지는 법입니다.

별자리에 얽힌 신화에는 신이나 용감한 사람이나 괴물 등 개성 넘치는 매력적인 캐릭터가 많이 등장합니다. 신들의 자유분방한 매력에 자기도 모르게 빠져들기도 합니다.

별자리에 관련된 책도 많이 있습니다. 관심 있는 분은 꼭 찾아 읽어 보면 좋겠습니다.

한편, 조금 더 부담 없이 다가가도 좋지 않을까 생각합니다. 당신이 있는 곳에서 보이는 별들을 자유롭게 묶어 보는 것입니다.

베란다나 방 창문에서 찾은 별 한 개 두 개, 아니면 달도 한데 넣어서 '나만의 별자리'를 만들어 보는 것도, 가볍게 하늘을 볼 수 있는 좋은 기회가 될 것입니다(실내에서 도전할 때는 방의 불을 꺼주세요).

예를 들어, 거리 불빛이 없는 장소에서 캄캄한 밤하늘을 올려다보고 있다고 합시다.

맑고 깨끗한 하늘 위로, 어두운 밤하늘에는 많은 별이 반짝이고 있습니다. 구름 한 점 없이, 쏟아질 정도로 별이 가득합니다. 다양한 색과 다양한 밝기의 별이 반짝반짝 빛나면서 하늘 가득 흩어져 있습니다.

당신은 알고 있던 별의 무리를 발견하게 될지도 모릅니다. 재미있는 모양으로 자유롭게 묶어 볼 수도 있습니다.

눈이 어두움에 익숙해지면, 은하수의 희미한 불빛 띠가 밤하늘을 가로지르는 것이 보일지도 모릅니다.

시력이 좋다면, 지구와 비교적 가까운 안드로메다은하가 작고 희미하게 퍼져 있는 것도 보일 것입니다. 남반구라면 한 쌍의 하얀 구름 같은 '대마젤란운'과 '소마젤란운'도 떠 있을 것입니다.

그래서 문득 이런 생각이 듭니다.

'별은 도대체 얼마나 있는 걸까?'

별자리를 만드는 별들도 여러 가지 밝기가 있는데, 1등성은 매우 밝은 별, 2등성, 3등성… 별은 어두울수록 숫자가 커집니다.

육안으로 보이는 것은 6등성 별까지입니다.

그 6등성까지의 별의 수가, 하늘 전체에 8,600개 정도입니다. 하지만 절반은 지구 반대편에 있기 때문에 하늘에 가득한 별 속에서 한 번에 볼 수 있는 '무수한 별'은 최대 4,300개 정도입니다.

당신이 거리에 있다면, 그중 거리 불빛에 묻히지 않고 찾아온 밝은 별빛만이 당신의 눈에 비칩니다.

별의 나이는 다양하다

우주에 관해 이야기할 때는 특별한 단위를 사용합니다.

예를 들어, '광년(光年, light year)'은 빛의 속도를 사용한 거리의 단위입니다. 빛은 초속 30만km입니다. 1초에 지구 7바퀴 반인 30만km를 달리는, 우주 최고의 속도입니다.

'1광년'은 그런 초특급 빛이 일 년에 걸쳐 도착하는 거리입니다. 1광년은 약 10조km인데, 10조가 전혀 가늠이 안 돼서 어렵네요. 우주의 거리는 스케일이 너무 커서, 순식간에 우리의 일상 감각을 넘어 버리기 때문에 무언가와 비교하기 쉽도록 단위를 연구하고 있습니다.

별은 우주공간의 다양한 거리에 있습니다.

겨울을 대표하는 별자리인 '오리온자리'로 예를 들면, 오리온의 오른쪽 어깨 부분의 별 '베텔게우스(Betelgeuse)'는 지구로부터 대략 500광년 떨어진 곳에 있습니다.

초등학교 수업에서 오리온자리를 관찰한 사람도 많지 않나요? 2개의 1등성이 있어서 크고 찾기 쉬워서 처음 외운 별자리가 오리온자리인 사람도 있을 것입니다. 오리온은 그리스 신화의 사냥꾼 모습으로 생각합니다.

그런데 베텔게우스는 슬슬 대폭발(초신성 폭발)할 것으로 보입니다.

우주 시간이기 때문에 '슬슬'이란 표현도 수만 년 후일 수 있지만, 지금 당장 폭발한다고 해도 빛이 도달하는 데 500년이 걸리니까, 지구인들이 깜짝 놀라는 것은 500년 후가 되겠네요. 어쩌면 베텔게우스는 이미 500년 전에 폭발해서, 오늘 밤 당신을 깜짝 놀라게 할지도 모릅니다.

어쨌든, 베텔게우스를 잃은 오리온자리는 지금과는 다른 별의 배열이 될 것입니다.

사람들이 보는 것은 세상의 일부

별을 많이 보면, 신기하게도 마음이 차분하게 치유됩니다. 신비로운 아름다움에 압도되어 말이 안 나올 때도 있습니다.

나는 학창 시절에 남반구 뉴질랜드에 자주 갔었습니다.

현지 대학과의 공동 연구로 중고 망원경과 CCD 카메라로 밤새 크고 작은 마젤란운과 은하수를 관측했습니다.

테카포라는 작은 마을에 있는 천문대에서 묵었는데, 테카포의 별하늘을 세계자연유산으로 하자는 의견이 있을 정도로 절경의 밤하늘로 알려져 있습니다.[*]

---

[*] 데카포를 비롯한, 현지의 별하늘 관람 투어나 밤하늘 보호 활동은 http://mackenzienz.com/에서 확인할 수 있습니다.

이곳에서 시작된 별하늘을 보호하는 활동은 전 국토로 퍼져, 지금은 뉴질랜드 전체를 별하늘의 나라로 만들자는 활동도 시작되었습니다.

테카포를 처음 방문한 날, 온몸에 소름이 돋을 정도의 별하늘의 모습과 그때까지 본 적 없는 커다란 은하수의 전경을 보고, 내 눈이 비추고 있는 것을 이해하는 데 시간이 좀 걸렸습니다. 물론, 머리로는 이미 알고 있었습니다.

교과서로 수업 시간에 배웠고, 사진이나 영상으로 몇 번이나 봤고, 은하수의 일부는 전에도 본 적이 있었습니다.

하지만 너무나 압도적인 풍경에 마음이 그만큼 따라가지 못했던 것이겠지요.

밤하늘과 계속 마주하던 어느 날, 깨달았습니다.

아, 그렇구나.

나는 넓고 넓은 이 우주 안에 있고,

아주 잠깐의 시간을 허락받았고,

단지 지금 그 장소를 이렇게 바라보고 있는 것이구나.

우리는 눈에 보이는 것이 전부라고 쉽게 생각하는 생물

입니다.

하지만 당신이나 내가 하늘 가득한 별을 봤다고 해도, 그것은 우주의 일부일 뿐입니다.

바라보던 별의 더 깊은 세상을 상상할 수 있을 때, 사람들은 말로 다 할 수 없는 마음의 동요를 느끼거나 잠시 동안 멈춰 서게 될 것입니다.

실제로 6등성보다 어두운 별은 무수히 많습니다. 그 예로 21등성까지의 별의 수는 한꺼번에 늘어나 30억 개나 됩니다. 이보다 어두운 천체는 더 많습니다. 별과 별 사이의 시커먼 우주공간조차도 당신에게 아주 가까운 곳에 불과합니다.

인간이 보고 있다고 생각하는 것은, 세상의 극히 일부일 뿐입니다.

태양과 달이 있는
세계

지구

먼저, 당신의 나이를 한쪽에 써 두세요.

이번에는 당신의 나이에 관한 이야기를 하고 싶습니다.

지구를 '우주선 지구호'라고 부르기도 합니다.

선원들은 육지로 오갈 수 없는 배에서 물이나 식재료 등 자원을 잘 운용하며 바다를 건넙니다. 우리도 자원이 한정된 지구를 타고 우주공간을 여행하고 있기 때문에 이와 같은 상황이라고 할 수 있습니다.

지구는 당신을 태우고, 1일 1회전의 페이스로 팽이처럼 돌면서(자전), 태양 주위를 일 년에 걸쳐 한 바퀴돌고 있습니다(공전). 자전 속도는 적도 부근에서 시속 1,700km이고, 공전은 시속 10만km나 됩니다.

이것도 현실감이 없으니까, 우리가 알고 있는 여러 가지 속도와 비교해 봅시다. 한번 상상해 보세요.

지구상의 생물 중에서 인간만이 '직립 이족보행'을 합니다. 직립 이족보행은 머리는 위에 위치하고(닭이나 까마귀처럼 머리가 앞으로 나오지 않는), 두 다리로 걷는 것입니다.

일반적으로 사람의 걷는 속도는 시속 4km입니다. 세계에서 가장 빠른 단거리 선수인 우사인 볼트의 최고 속도는 시속 약 45km로 자전거(평균 시속 15km)보다 훨씬 빠릅니다.

하지만 직립 이족보행에는 큰 결점이 있다고 합니다. 동물로서는 달리기가 느리다는 것입니다. 야생동물에게 딱 좋은 사냥감이죠. 저항을 위한 독도 날카로운 송곳니도 가시도 없기 때문에 쉽게 잡아먹히게 되는, 생물로서는 사활(死活)의 문제가 있습니다.

그런 인간은 이동을 위한 도구를 만들었습니다.

자동차나 배, 비행기는 사람이나 물건을 더 빠르고, 더 멀리 운반하기 위한 교통수단입니다.

자동차의 경우, 보통 고속도로에서의 최고 속력은 시속 100km입니다. 고속철도는 그 3배인 약 시속 300km입니다. 당신은 고속철도가 기차역 승강장에서 순식간에 빠져나가는 것을 본 적이 있습니까? 몸이 휘청거릴 정도로 엄청 빠른 속도로 지나가는데, 지구가 매일 빙글빙글 도는 자전 속도는 그 고속철도보다 대략 6배나 더 빠릅니다.

지구가 태양 주변을 도는 공전 속도는 시속 10만km로 자전보다 60배나 빠릅니다.

사람이 만든 것과 비교해 봅시다. 시속 3,000km에 달하는 전투기가 있습니다. 우사인 볼트가 9.58초를 기록한 100m를 단 0.12초에 지나갑니다. 그런데 지구의 공전은 이 전투기의 30배 이상이니, 역시 상대가 되지 않습니다.

즉 지구의 자전과 공전은 우리의 일상생활과는 차원이 다르게 초고속으로 이루어지고 있습니다.

지구는 우주공간을 자연의 법칙에 따라, 46억 년 동안 맹렬한 속도로 항해해 왔습니다. 당신도 나도 지금 이 한결같은 행성을 타고 우주공간을 이동하고 있습니다.

자고 있든, 멍하니 있든, 심지어 꾸벅꾸벅 졸고 있든 살아 있는 한 지구에 타고, 전속력으로 광대한 우주공간을 달려가고 있는 것입니다.

나이는 태양 주위를 여행한 횟수

지구는 태양 주위를 일 년에 한 바퀴 도니까 우리는 '지구에 타고 나이만큼 태양 주위를 돌았다'라고 말할 수 있습니다.

이 장 처음에 당신에게 나이를 써 달라고 부탁했습니다.

자, 당신은 지구를 몇 바퀴 돌았습니까?

우주 동호회에서 이렇게 물어보면 중장년층분들은 '풋!' 하고 다소 자조적인 웃음을 짓습니다. 나도 비슷한 연배이기 때문에 같이 '풋!' 하는데, 대조적인 것은 아이들입니다. 큰 목소리로 자기 나이를 알려 줍니다. 사실, 어른이나 아이나 큰 소리로 대답해도 괜찮습니다.

당신은 지구를 타고 당신의 나이만큼 태양 주위를 돌았습니다.

넓고 차가운 우주공간을 태양에서 1억 5,000만km 떨어진 궤도에 올라, 한 바퀴에 9억km나 되는 길을, 시속 10만km의 맹렬한 속도로 말이죠.

소중한 사람과 혹은 전 세계 모든 것들과 함께 돌았습니다. 지구에 태어났다는 것은 같은 시대의 것들과 함께 태양 주위를 여행하는 횟수를 부여받았다고 말할 수 있을 것입니다.

2022년 신년 신문에 119세의 일본 여성이 세계 최장수로 소개되었습니다. 다나카 리지라는 이름의 그 여성은 '생존하는 세계 최고령'의 기네스 기록을 갖고 있습니다. 세계보건기구(WHO)가 발표한 2021년 자료에 따르면, 세계 전체의 평균 수명은 73세이고, 그중 일본은 최장수국으로 84세 정도라고 합니다.

즉 대략 100년, 다시 말하면 지구가 태양 주위를 100회 정도 돌았을 때, 지구상의 멤버는 모두 교체됩니다. 지금 살아 있는 사람은 모두 사라지고, 아직 태어나지 않은 사람들이 이 대지에 존재하는 세계로 바뀐다는 것입니다.

당신에게 초점을 맞춰 이야기하자면, 당신에게 아무리 큰 고민이 있다고 해도 그것이 100년 이상 지속되지 않는다는 것입니다.

지구는 46억 살이니까 지금까지 46억 번 정도 돌았을 것입니다.

지금도 바뀌는 여러 생물을 태우고 우주의 자연법칙에 따라 태양 주위를 담담하게 계속 돌고 있습니다.

지구의 46억 번에 비하면 당신이 돈 횟수는 결코 많다고 할 수 없습니다. 하지만 그 횟수는 당신의 생명이 있는 시간, 같은 시대의 것들을 만나서 이 세계와 관계해 온 시간입니다.

그러니 다음에 누군가 나이를 묻는다면 큰 소리로 당당하게 대답하세요.

우리 각자에게 주어진 횟수는 많아야 100회입니다.

개인의 시간이 이것을 크게 넘어서는 것은 현시점에서는 생물학적으로 어려울 것입니다.

한편, 개인을 초월하는 재미있는 도전도 있습니다.*

'롱 플레이어(Long Player)'라는 곡은 세계에서 가장 긴 곡으로 알려져 있습니다.

연주가 시작된 것은 2000년 1월 1일, 끝나는 것은 1,000년 후인 2999년 12월 31일 예정입니다. 기초가 되는 곡을 컴퓨터가 계속 편곡해서 연주하고 있는데, 예정된 1,000년 뒤에 연주가 끝나면 다시 처음으로 돌아가 2번째 연주가 시작된다고 합니다.

왠지 웅장한 음악 도전이지요.

나는 영상으로 그 모습을 본 적이 있습니다.

장엄한 소리를 들으며 명상하는 사람, 조용히 멈춰선 사람 등 다양한 사람들이 있고, 각자가 '지금의 순간'을 느끼며, 결코 만날 수 없는 미래의 세계에 마음을 기대고 있는

---

* 'As slow as possible(최대한 늦게)'이라는 곡도, 독일에 있는 성당의 오르간이 639년 동안에 천천히 연주 중입니다. 이것은 2001년부터 연주가 시작되어, 최근 2020년에 7년 만에 다음 음으로 바뀌었습니다(담당자가 수동으로 파이프를 갈아 끼웁니다). 스페인의 교회, 사그라다 파밀리아 성당도 1882년 착공되어 우여곡절을 지나 완성을 향해 건설 중입니다.

것 같았습니다.

'롱 플레이어'의 첫 번째가 끝나는 세계는 우리의 수십 세대 후의 사람들의 시대입니다. 그들이 보는 풍경은 과연 어떤 모습일까요?

지구는 그날도 돌고 있을 것이고, 그 이후에도 계속 돌 것입니다.

수없이 많은 생명을 떠나보내며, 그래도 그저 담담하게, 자연의 법칙에 충실하게, 지구 최후의 순간이 찾아올 그때까지 쉼없이 돌 것입니다.

이것에 관해서는 나중에 또 이야기하겠습니다.

달의 뜻밖의
성장과정

최근 당신이 본 달은 어떻게 생겼습니까?

근래에 달을 본 적이 없는 사람은 머릿속에 떠오른 달도 괜찮습니다.

떠오른 달은 어떤 달입니까?

뜻밖에 큰 달을 만나서 '와' 하고 놀란 적이 있을지도 모르겠네요.

달에는 거무스름한 무늬가 있는 것처럼 보이지만, 그 거뭇한 것은 먼 옛날 땅 밑에서 흘러나와 뭉친 현무암이라는 바위입니다. 평평해서, 물은 없지만 '바다'라고 불립니다.

달의 무늬가 무엇으로 보이는지는 지역이나 사람마다 다른 것 같습니다.

일본에서는 '떡을 찧는 토끼'라고 하는 경우가 많습니다. 그런데 다른 나라에서는 사자나 당나귀, 게 등으로도 보인다고 합니다. 흰 부분을 여성의 옆모습으로, 검은 부분을 머리로 보는 곳도 있습니다.

나는 어릴 때부터 '오픈카를 운전하는 쥐'로 보이는데 아무도 공감해 주지는 않습니다.

아무튼, 각 지역에서 생물로 생각했다는 것이 재미있습니다. 주변 사람에게 어떤 모양으로 보이는지 물어보면 생각하지 못한 대답으로 깜짝 놀랄 수도 있습니다.

지구와 달의 크기 비교

달은 지구와 가장 가까운 천체입니다.

달까지의 거리는 대략 38만km로 시속 300km의 고속철도로 간다고 해도 두 달 가까이 걸리는 거리입니다.

크기는 지구의 4분의 1 정도입니다.

예를 들어, 지구가 지구본(지름 30cm) 크기라면, 달은 야구공 정도 됩니다. 어른이 한 손으로 가볍게 잡는 정도 될까요? 그때 지구본 위에 있는 인간은 전자 현미경으로 겨우 보이는 미생물 크기입니다.

그렇다면, 달과 지구(실제로는 38만km)는 얼마나 떨어져 있을까요?

선생님이 교단에 지구(지구본)를 놓고, 퀴즈를 낸다고 해 봅시다.

"자, 지구가 여기 있다고 한다면, 달(야구공)은 어디쯤에 있을까요?"

이 축소된 세계의 상황에서, 사실 야구공은 이 교실에 없습니다. 야구공인 달은 교실을 나가 옆 반에서 실례하고 있을 것입니다.*

최근 새로 지은 학교의 교실과는 맞지 않을 수도 있겠지만, 대강의 이미지는 파악할 수 있을 것입니다.

---

* 지구본의 지름을 약 30cm, 야구공은 지름 8cm, 지구본(지구)과 야구공(달) 사이는 약 9m로 합니다.

달은 지구 주위를 도는 단 하나의 위성입니다. 지구를 약 한 달에 한 바퀴 돕니다. 태양처럼 스스로 빛나는 것이 아니라, 태양 빛을 반사하며 빛나고 있습니다.

도시에 살고 있다면 그다지 실감하지 못할 수도 있지만, 달빛은 꽤 밝습니다. 거리의 불빛이 적은 곳이라면 달이 없는 밤에는 손전등 없이 걷기가 어려울 정도입니다. 한편, 보름달이 뜨면 눈부실 정도이고 발밑에는 그림자가 생깁니다.

달은 괴짜

친근한 달이긴 하지만, 사실 꽤 괴짜입니다.

괴짜인 이유 첫 번째는 달의 알맹이 때문입니다.

지구나 화성 등 바위로 된 천체의 중앙에는 금속이 있기 마련인데, 달에는 놀라울 정도로 금속이 적다는 기묘한 특징이 있습니다.

또 하나 있습니다. 지구에 비해서 아무래도 달이 '너무 무겁다(너무 거대하다)'는 것도 왠지 이상합니다.

다른 행성들을 조사해 보면 이상한지 아닌지는 알 수 있습니다.

예를 들어, 목성에는 70개 이상의 위성이 있지만, 어느 위성도 목성에 비해 가볍고 작은 위성뿐입니다. 목성 본체 무게의 수천분의 1 정도밖에 되지 않습니다. 다른 행성들의 '행성&위성'의 크기를 비교해도 엇비슷합니다.

한편, 달은 지구 무게의 80분의 1이나 됩니다. 아무래도 '지구&달'만 이상하게 크고 무거운 것 같습니다.

만약, 목성이나 다른 행성에 지적 생명체가 있어서 그들이 지구로 놀러 온다면, 하늘에 떠서 차고 기우는 거대한 달에 분명 놀랄 것입니다.

'성분이 좀 이상하기도 하고 쓸데없이 크다.'

그런 괴짜 달이 도대체 언제 어떻게 생겼는지는 오랜 수수께끼로 남아 있습니다.

달의 탄생과 성장을 설명하는 이론 중에 '거대 충돌설 (Giant Impact)'이 있습니다.

지금부터 46억 년 전, 지구의 절반 정도 크기의 거대 천체가 다가와서 아직 아기였던 지구에 비스듬히 부딪힙니다. 너무나 강력한 충돌이었기 때문에 지구는 표면이 크게 벗겨졌고 거대 천체 역시 부서졌습니다. 충돌로 산산조각이 난 거대 천체는 원래 중심에 있었던 무거운 금속이 지구로 빨려 들어가면서 바위 성분이 남습니다. 그 남은 바위의 성분과 공중에 떠다니는 지구의 표면이 충돌과 합체를 반복해 온 것이 달이라는 것입니다.

충돌에서 달이 생기기까지 최소 1개월은 걸린 것 같습니다. 우주 시간으로 한 달은 순식간입니다.

지금도 달이 만들어진 방법에 관한 연구는 계속되고 있고, 미래에는 또 다른 설이 나올지도 모릅니다. 하지만 이 거대 충돌설은 달의 괴짜 같은 모습을 잘 설명할 수 있기 때문에 현재로서는 가장 유력한 설로 생각됩니다.

상상해 보세요.

지구가 태어난 지 얼마 안 된 먼 옛날.

어두운 우주에서 거대한 천체가 소리도 없이 살며시 다가옵니다.

둘의 거리는 순식간에 좁혀졌고, 마침내 부딪힌 순간, 지구의 표면과 거대 천체는 심하게 부서져 혼잡해졌습니다.

혼란 중에 얼마 지나지 않아 이상하리만큼 큰 천체가 모습을 나타내고 지구 주변을 돌기 시작하는데….

그것이 지금 당신의 머리 위에 떠 있습니다.

오늘도 조용히 떠오른 저 달에는 사실 굉장히 거친 과거가 있었던 것 같습니다.

달의 차고 기움
그리고 월식

거칠게 태어났을지 모를 달도 지금은 부드러운 빛을 발하면서 매일 조금씩 모습을 바꾸며 고요하게 두둥실 하늘에 떠 있습니다.

당신은 달을 보면 무언가 생각나는 일이 있나요?

물론, 추억은 사람마다 다를 것입니다.

함께 달을 봤던 어머니를 떠올리는 사람도 있고, 일과 연애로 정신없이 바빠서 무거운 마음으로 올려다본 달에 왠지 마음이 편해졌다는 사람도 있을 것입니다.

나도 몇 가지 떠오르는 일이 있습니다.

아이들이 어릴 때 단풍잎 같은 손을 달을 향해 뻗으면서 "엄마, 저거 따주세요"라고 했던 일, 어린이집에서 돌아오는 길에 자전거 뒷자리에서 "엄마, 달이 자꾸 쫓아와요"라고 하며 울먹이던 소리는 그때 정신없었던 날들과 함께 생각이 납니다.

최근에는 이따금 82세의 고모가 달이 뜬 것을 확인하시고는 귀여운 이모티콘을 넣은 문자메시지를 보내시기도 합니다.

당신에게도 달과 관련한 에피소드가 분명히 있을 것입니다.

달의 차고 기움

앞에서도 이야기했지만, 달은 태양처럼 스스로 빛나는 것이 아니라 태양 빛을 반사하여 빛납니다.

태양 빛은 너무 강렬해서 절대로 직접 보면 안 되지만, 달은 괜찮다고 하는 것은 그런 이유 때문입니다.

그러면 햇빛을 반사하기만 하는 달이 왜 보름달이 되고 초승달이 되며 매일 모양이 변하는지 알고 있습니까?

달이 차고 기우는 것은 매일 지구와 달과 태양의 위치 관계가 바뀌기 때문에 생기는 현상입니다. 좀 더 알기 쉽게 설명해 드리겠습니다.

먼저, 우주공간에서 태양과 달과 지구(당신)가 떠 있는 모습을 상상해 보세요.

태양 빛은 계속 지구나 달의 반만 비추고 있습니다.

지구에 있는 당신에게 햇빛이 비치는 쪽은 낮, 비추지 않는 쪽은 밤이지요. 지구와 마찬가지로 달에도 절반에만 태양 빛이 비칩니다.

어느 날, 우주공간에서
'달 ─ 지구(당신) ─ 태양'
일렬로 섰다고 합시다.

당신 쪽에서 보면 달과 태양이 각각 양쪽에 있네요.

지구에 있는 당신에게 예를 들어 이것은 해 질 무렵 서쪽 하늘에 저물어 가는 태양이 있고, 반대편 동쪽 하늘에 크고 둥근 달이 떠오르는 장면입니다.

이때 당신이 달 쪽을 향하면 등 쪽에 태양이 있기 때문에 당신은 태양과 같은 방향에서 달을 보게 됩니다.

당신은 햇빛이 달에 비치고 있는 낮 쪽 전체를 보게 되어, 달이 동그란 보름달로 보입니다.

다음 날은 이 위치 관계가 조금 달라집니다. 지구는 태양 주위를 돌고, 달은 지구 주위를 돌기 때문입니다.

이날은 태양이 비치지 않는 달의 밤 쪽이 조금 보이게 되고, (밤 쪽은 어두워서) 달이 조금 차지 않은 것처럼 보입니다.

그다음 날은 밤 쪽이 (더 차지 않아서) 더 보입니다.

달의 모양은 매일 조금씩 변해 가고, 약 한 달이면 원래대로 돌아옵니다.

달이 차고 기우는 것은 이렇게 지구(당신)와 달과 태양의 위치 관계가 매일 바뀌면서 생기는 것입니다.

월식

한편 '월식'이라는 천체 쇼도 있습니다.

아주 가끔 보름달이 뜨는 날에 동그란 달이 하룻밤 사이에 점점 더 기웁니다. 차고 기우는 데 한 달이나 걸리는데, 하룻밤이라니 이상하죠.

이런 현상을 월식(月蝕, lunar eclipse)이라고 합니다. 그럼, 월식은 왜 일어나는 것일까요?

월식은 지구의 '그림자'와 관계가 있습니다.

조금 전 보름달의 배열(달 ― 지구 ― 태양) 중에서도, 아주 가끔 3개의 천체가 '완벽하게 일직선상'에 서는 일이 있습니다.

지구에서 봤을 때 달과 태양이 반대편에 있을 뿐만 아니라, 딱 한 줄 위에 있는 것처럼 줄을 서는 경우가 가끔 있는데, 그때 지구의 그림자가 보름달 위에 드리워지는 거죠. 이게 '월식'입니다. 그림자가 생기는 쪽은 지구와 달이 조금이라도 움직이면 바뀌기 때문에 하룻밤 사이에 점점 달의 모양이 변하는 것입니다.

지구의 그림자가 달을 완전히 가리면 '개기월식'이라고 하고, 부분적으로 가리면 '부분월식'이라고 합니다.

　월식은 달과 지구와 태양이 완벽하게 한 줄로 설 때뿐이므로 가끔 일어납니다.

　당신이 살고 있는 곳에서도 자주는 아니지만, 월식을 볼수 있습니다.

　자세한 정보는 인터넷 등을 통해 알아볼 수 있습니다.

태양

우리 인간은 아침 해나 석양을 보며 가끔 특별한 생각을 하는 경우가 있습니다.

아름다운 아침노을을 바라보며 오늘도 좋은 하루가 되기를 바랐던 아침이 분명 누구에게나 있을 것입니다.

크게 저물어 가는 석양에 애틋한 마음이 들기도 합니다.

태양은 46억 년 동안 한결같이 빛나며, 지구의 반을 늘 비추고 있습니다.

지구 표면에 있는 사람에게는, 태양이 떠서 지상을 비추고 있는 동안은 낮이고, 지면 밤의 세계가 됩니다.

하루 동안 하늘이 빙글빙글 돌아가는 것처럼 보이는 하늘의 움직임을 '일주운동(日周運動)'이라고 합니다.

버스나 전철을 타고 있을 때, 바깥 풍경이 진행 방향과는 반대로 흘러가듯이 보이는 것처럼, 지구는 팽이처럼 하루에 한 바퀴(자전) 돌고, 거기에 있는 우리에게는 하늘 전체가 동에서 서로 움직이는 것처럼 보입니다.

지구에 탄 당신은 빛이 비치는 곳(낮)과 반대편 어둠(밤)을 매일 회전목마처럼 지나가는 것입니다.

한편, 지구에는 태양이 뜨지 않는 지역도 있습니다.

북극이나 남극, 그와 가까운 지역은 겨울이 되면 온종일 태양이 뜨지 않는 시기가 있습니다.

이 현상을 '극야(極夜, polar night)'라고 합니다. 태양이 종일 지지 않는 '백야(白夜, white night)'를 아는 사람이 더 많을지도 모르겠네요.

하지만 극야가 어디든 계속 깜깜한 것은 아닙니다.

남극에 있는 일본 쇼와 기지에서는 점심 전후로 희미해지는 시간대가 있어서, 야외 작업은 이 귀중한 시간대를 노린다고 합니다.

그런데 낮의 푸른 하늘에서 태양은 압도적인 존재감이지만, 보름달 무렵에는 서쪽으로 지는 태양 반대편(동쪽 하늘)에 크고 둥근 달이 떠오릅니다.

아아, 달이 있구나, 하고 문득 생각나는 것은 달이 존재감을 더해 왔을 때이겠지요.

여기서 퀴즈 하나.

보름달과 태양을 비교했을 때 '겉보기 크기'는 어느 쪽이 클까요?

태양을 직접 보면 강렬한 에너지 때문에 눈이 상하니까, 여기에서는 관측 전용 안경 등 올바른 방법으로 봤다고 합시다.*

정답은 '태양과 달의 겉보기 크기는 거의 같다'입니다.

정답을 맞힌 사람도 있겠습니다.

---

* 태양은 절대로 직접 보지 않도록 합니다. 검정 선글라스도 위험합니다. 전용 유리나 핀홀 등 태양 관찰 방법을 꼭 참고하시기 바랍니다.

그런데 조금 이상하지 않나요?

태양은 실제로 달보다 400배나 큰 거대 천체입니다. 그런데 왜 그렇게 크기가 다른 두 개가 같은 크기로 보이는 걸까요?

그 이유는 단순히, 태양이 달보다 훨씬 멀리 있기 때문입니다. 그것도 그냥 먼 정도가 아니라, 400배 큰 태양이 달보다 400배나 먼 곳에 있기 때문입니다.

즉 태양과 달은 '크기'도 '지구로부터의 거리'도 똑같이 400배만큼 달라서, 그 때문에 마침 같은 크기로 보이는 것입니다.

더 재미있는 것은 이 배율이 '때마침, 지금'이라는 것입니다.

사실 달은 매년 3cm 정도씩 지구에서 멀어지고 있습니다. 100년에 3m 멀어진다는 계산입니다.

3m라면 차이를 잘 모를 수도 있지만, 아주 옛날에는 지금보다 더 가까웠기 때문에 타임머신을 타고 아주 오래전의 지구로 시간 여행을 한다면 몇십 배, 몇백 배 큰 달에 깜짝 놀랄 것입니다.

반대로, 미래에는 달이 더 멀어집니다. 만약 미래에도 지구에 아직 생물이 살아 있다면, 그들은 완전히 존재감을 잃은 멀고 작은 달을 보겠네요.

달이 멀어져 가는 것은 우주공간에 떠 있는 천체가 자연의 법칙을 따르는 것에 지나지 않습니다. 그 특별한 우연을 깨닫는 사람마저 없었다면 재미있지도 않고, 아무것도 아니었겠지요.

하지만 오랜 시간 동안 변해 가는 천체의 관계 속에서, 때마침 태양과 달이 같은 크기로 보이는 특별한 타이밍에, 이 기이한 우연을 깨달을 만큼 충분하게 진화한 우리가 있다는 사실이 정말 놀랍습니다.

담담하고 평범한 우주의 일도 놀라거나 감탄하는 마음이 있다면, 심오한 '풍경'으로 바뀝니다.

떴다가 지는 태양

앞에서 달을 야구공 만큼 줄인 것처럼, 지구도 지구본 크기까지 줄여 보겠습니다.

이 작은 세계에서 인간은 전자 현미경으로 겨우 찾을 수 있을 정도의 작은 미생물 크기입니다. 아주 작은 당신은 지구본의 표면을 이쪽저쪽으로 조금씩 왔다 갔다 하고 있겠지요.

태양의 크기(지름)는 지구의 약 100배입니다. 작은 세계에서 태양은 '학교 수영장 전체' 정도의 크기가 됩니다(풀사이드 포함해서 전체를 30m로 합니다).

미생물과 지구본과 수영장.

이것이 당신과 지구와 태양의 크기를 대략적으로 비교하여 나타낸 것입니다.

태양은 지구로부터 1억 5,000만km 떨어진 우주공간에 떠 있습니다. 지구 지름의 1만 배의 거리입니다. 작은 세계에서는 4km입니다. 걸어서 1시간, 자전거로 15분 정도 거리이겠네요.

즉 지구와 태양은,

'지구가 지구본이라면, 태양은 4km 떨어진 수영장'

당신이 살고 있는 마을에 적용해서 크기의 차이를 상상해 보세요. 당신의 마을에서 4km 떨어진 곳에는 무엇이 있나요?

다만, 지구와 태양 사이를 채우고 있는 공간은 거리도 산도 아닙니다. 소리도 없고, 냄새도 없고, 차갑고 공기도 없는, 끝이 없는 어둠입니다.

휴일이 끝난 아침에 비가 오거나 구름이 잔뜩 끼어 있으면 왠지 모르게 기분이 좋지 않았던 경험이 있나요? 기후 변화로 두통이나 컨디션이 좋지 않다고 느끼는 사람도 적지 않습니다.

한편, 눈이 부신 햇살이 내리쬐고, 부드러운 바람이 부는 날은 왠지 모르게 기분도 밝고 마음이 평온해지기도 합니다.

실제로 광합성 부족은 불면증이나 초조함 같은 좋지 않은 현상을 초래할 수 있어서, 우리는 적당히 햇빛을 받아 건강한 생활 리듬을 갖추고 유지합니다.

태양 빛이 없으면, 식물은 살 수 없고

식물이 없으면, 초식동물은 살 수 없고

초식동물이 없으면, 육식동물은 살아갈 수가 없습니다.

그렇게 되면, 식물과 태양광의 반응(광합성)으로 만들어진 산소가 부족해지고, 살아갈 양식인 동식물이 없는 세상에서 당신은 느긋하게 책을 읽을 수도 없고, 그뿐 아니라 숨도 쉴 수 없고, 그곳에 있을 수조차 없게 됩니다.

해가 뜨는 행성에 태어난 생물의 숙명으로, 태양 빛이 없다면 살 수도 태어날 수도 없는 것입니다.

그런 것은 당연한 것인가요?

만약 그렇게 생각한다면, 다시 한번 '당연함'에 대해 생각해 보시기 바랍니다.

태양에게 용기를 얻는 우리

생명의 에너지원인 태양은 46억 년 전부터 빛나기 시작했습니다.

연료는 가지고 태어난 수소입니다.

'핵융합'이라는 방법으로 엄청난 에너지를 계속 만들어 내고 있습니다.

제3 행성인 지구는 태양의 에너지가 알맞게 닿는 곳에서 팽이처럼 자전하면서, 태양 쪽을 향하는 낮의 세계와 반대쪽 밤의 세계를 만들고 있습니다.

우리는 지구 표면에 달라붙어 살면서, 생명이 있는 한 태양과 지구가 만드는 낮과 밤의 세계를 지나갑니다.

오늘 당신을 비추었던 태양은 당신의 할아버지, 할머니를 비추던 태양과 같은 태양입니다.

변함없는 법칙으로 온 세상을 고르게 비추면서, 태양은 내일도, 내년도, 10년 후에도, 당신과 내가 사라진 후에도, 지금 아직은 어린아이들과 그 손자 세대가 사라질 먼 미래에도, 변함없이 지상을 비추고 있을 것입니다.

그리고 언젠가 태양이 빛나는 것을 멈추거나 지구가 자전을 멈추는 그 순간까지, 지상의 낮과 밤은 계속될 것입니다.

지구에서 어떤 일이 있든, 태양은 반드시 뜨고 집니다.

그 사실이 큰 용기가 되기도 하고, 한편으로는 괴로운 마음이기도 하겠지요.

중요한 것은 그 한 바퀴가 당신이 힘껏 살아가고 있는 오늘이라는 것입니다.

사람들이 빛나는 아침햇살에 손을 모으고, 붉게 지는 석양에 용기를 얻는 것은, 사실 그것만으로도 충분하다는 것을 마음 깊은 곳 어디에선가 알고 있기 때문일지도 모릅니다.

우주의
시간표

멀리 보면
과거를 안다

"네 생일은 언제니?"

처음 만난 아주머니(바로 저입니다)가 그렇게 물어보니, 한 아이는 머뭇머뭇합니다. 수줍어서 작은 목소리로 대답하는 아이도 있고, 눈을 마주치지 않으려고 애써 외면하는 아이도 있습니다.

'저는요', '얘는요' 하며 자신과 동생들을 소개해 주는 형이나 언니도 있습니다. 우주에 관한 이야기를 할 때 이런 대화를 하는 경우가 있습니다.

자, 당신이 태어난 순간을 서기나 양력이 아니라 우주의 시간으로 보면, 과연 어떻게 보일까요?

우주의 시간을 알려면 '과거의 우주'를 알아야 합니다.

우주의 과거를 안다… 그런 시간 여행 같은 것을 할 수 있냐면 사실 할 수 있습니다.

앞에서 말했듯이, 빛의 속도는 초속 30만km입니다.

1초에 지구를 7바퀴 반을 돌 수 있는 우주에서 가장 빠른 속도입니다. 너무 빠르기 때문에 일상생활에서는 순식간에 도착하는 것처럼 느껴집니다.

그러한 빛도 아득한 우주 저쪽 별에서 오려면 역시 시간이 걸립니다. 오늘 밤, 하늘에서 볼 수 있는 별빛은 사실 아주 오래전에 그곳을 떠난 빛입니다.

예를 들어, 4광년 거리에 있는 별빛은 우주공간을 여행해서 오는 데 4년이 걸립니다. 다시 말하면, 지금 보이는 것은 4년 전에 출발한 빛, 즉 지금으로부터 4년 전 그 별의 모습(정보)입니다.

마찬가지로 100광년 전이라면 100년 전, 1만 광년이면 1만 년 전의 모습을 보고 있는 셈입니다. 이런 식으로 먼 우주를 살펴보면 그만큼의 과거의 우주를 알 수 있습니다.

'멀리 본다'는 것은 '과거를 본다'는 것입니다.

실제로는 먼 (옛날) 우주를 보기 위해서 성능이 좋은 망원경을 사용하거나, 여러 가지 에너지(파장)로 자세히 조사하고 있습니다.

별은 마치 검은 천장에 빛의 구멍을 뽕뽕 뚫은 것처럼 보이지만, 우주공간에서는 하나하나가 각각 다른 위치에 떠 있습니다. 각각의 거리에서 각각의 시간에 걸쳐 도착한 빛이, 밤하늘에 반짝반짝 빛나고 있는 별빛입니다. 그러고 보니 우리는 밤하늘에서 '여러 시대 빛들의 동시 상영'을 보는 것이네요.

빛이 오는 데는 시간이 걸리기 때문에 별들의 '현재 모습은 절대 볼 수 없다'고 할 수 있습니다.

예를 들어, 가장 가까운 천체인 달도 빛이 닿으려면 1초 이상 걸립니다. 도리야마 아키라의 만화 '드래곤볼'에서 무천도사로 분장한 재키 춘 선수가 '에네르기파'로 달을 파괴하는 장면이 있는데, 본인이 명중을 확인할 수 있는 것은 사실 파괴의 순간으로부터 1초 뒤입니다.

태양 빛은 8분 정도 걸립니다. 우리는 8분 전에 태양을 출발한 태양 빛에 비치고 있는 것입니다. 그렇다는 것은 만약 지금, 이 순간 태양이 사라져 버려도 당신은 그 엄청난 사건을 8분 동안이나 알아차리지 못한다는 이야기입니다.

우주의 과거를 알고 싶다면 먼 우주를 들여다보라.

이처럼 보고 조사하는 '관측'과 동시에 우주의 성장을 '이론'적으로 살펴보는 방법(우주론)이 있습니다. 자세한 내용은 다른 좋은 책에서 찾아보기로 하고, 지금까지 빅뱅(Big Bang)이라든가 인플레이션(Inflation)*이라는 말을 들어 본 적이 있는지 모르겠습니다.

우리 인간은 오랜 시간 동안 관측과 이론을 거듭하여, 차분하고 신중하게 가설을 세우고, 더욱 갈고 닦는, 그만큼의 성실하고 꾸준한 노력으로 오늘날 우주의 역사를 알게 되었습니다.

---

* '인플레이션'은 왜 우주가 태어나자마자 불덩어리가 되었는지를 잘 설명할 수 있기 때문에 많은 과학자의 지지를 받고 있습니다. 인플레이션이 일어났을 때 생긴 '중력파(원시중력파)'라는 현상을 발견한 것이 그 직접적인 증거가 될 것입니다.

그럼, 지금부터 전력 질주로 우주의 역사를 뛰어넘어, 우선은 당신으로 이어지는 큰 스토리를 잡아보도록 하겠습니다.

우주의 시작

우주에는 시작이 있었습니다.

우주의 성장을 설명하는 '빅뱅우주론'이라는 것이 있습니다.

이 이론에 따르면, 갓 태어난 아주 작은 우주는 단숨에 불룩해져서 초고온(뜨거워서), 초고밀도(꽉 채워진)의 불덩이 상태가 됩니다. 그리고 그게 더욱 부풀어 올라 지금의 우주의 모습이 되었다고 합니다.

불덩어리 같은 상태는 조금씩 차가워졌습니다.

적당하게 식으면서 수소나 헬륨이나 리튬 같은 가벼운 성분(원소)이 생겼습니다(대부분은 수소입니다). 처음에는 우주에 있는 원소의 종류가 이 정도밖에 없었습니다.

원소는 천천히 서로의 중력으로 끌어당겨서 모였습니다.

우주가 시작되고 수억 년이 지났을 무렵, 원소가 많이 모인 곳에 최초의 별이 태어났습니다. 별이 많이 모인 '은하'도 생겨납니다.

시간이 흘러 우주 탄생 후 90억 년 이상이 지났을 때의 일입니다.

우주 한구석에서 역시 원소들이 모여 우리의 태양이 태어났습니다.

행성들도 비슷한 시기에 탄생한 것으로 생각됩니다.

몇 억 년이 더 지났을 무렵, 제3 행성인 지구에 최초의 생명이 나타났습니다.

어류나 곤충류, 파충류 등도 점차 모습을 드러냅니다.

생물들은 지구의 환경이 크게 바뀔 때마다 멸종과 진화를 반복하면서 생명의 끈을 이어갔습니다.

공룡은 지구상 생물의 정점에서 1억 년 넘게 군림하다가 6,600만 년 전에 멸종하고 말았습니다. 이 사건을 계기로 포유류가 본격적으로 등장했습니다.

포유류 중에서 '호모 사피엔스'라는 생물종은 지금으로

부터 20~30년만 년 전에 모습을 나타냈습니다.

잠시 후 그들은 농경과 목축을 시작했습니다.

지구의 여러 곳에 정착하면서 세대를 넘어 생활의 지혜와 연구를 이어가며, 곳곳에서 독자의 문화를 만들어 갑니다.

현재는 인간의 역사로 21세기입니다.

우주가 시작된 지 138억 년, 지구가 탄생한 지 46억 년이 지났습니다.

호모 사피엔스의 일원으로서 당신이 지구 생명의 배턴을 이어받아서 바로 지금 그 배턴을 쥐고 달리고 있는 것입니다.

이야기의 흐름에 따라, 다음 장에서는 조금 더 천천히 역사를 따라가 보겠습니다. 조금 재미있는 관점입니다.

멀리 보고
자신을 안다

우주의 시간을 좀 더 가깝게 느끼기 위해서 '우주 달력 (Cosmic Calendar)'을 사용해 보겠습니다.

보통 어느 집에나 달력이 있을 겁니다.

우주 달력은 우주의 탄생부터 현재까지의 138억 년을 일 년으로 축소한 달력을 말합니다. 너무 길어서 알기 어려운 우주의 시간을 여기서라도 조금 연구해 봅시다.

우주 달력은 천체물리학자 칼 세이건(Carl Sagan) 박사가 제안한 방법입니다.

우주 달력에서는 1월 1일 오전 0시를 우주 탄생 시각으로 합니다. 그리고 12월 31일(섣달그믐)의 자정(다음 해 오전 0

시 0분 0초)이 현재, 즉 당신이 거기서 책을 읽고 있는 시각입니다.

그럼, 시작해 보겠습니다.

불덩어리 우주가 식어서 최초의 별이나 은하가 태어난 것은 우주의 시작과 같은 1월입니다.

우주가 태어난 직후에는 수소와 헬륨, 아주 적은 양의 리튬밖에 없었기 때문에, 최초의 별들은 이런 가벼운 원소들만 모여서 탄생한 것으로 생각됩니다.

우주에 최초로 나타난 별은 단명했습니다.

바로 대폭발하여 우주로 사라져 간 것입니다.

폭발 후 별의 파편으로 남은 원소들은 우주를 떠돌다가, 결국 다시 모여 '차세대 별'로 다시 태어났습니다.

새로 태어난 별들도 빛나고, 수명을 다하고 별 조각을 남기고 다시 우주로 사라집니다.

이러한 일이 반복되며 우주 달력은 진행됩니다.

봄이 지나 여름이 되고 우주가 시작된 지 9개월쯤 접어들

어 아직 더위가 남아 있는 9월 1일경의 일입니다. 몇 세대
째의 별로 태양이 태어났습니다.

지구도 비슷한 시기에 태어났습니다. 바로 우리가 발을
내리고 있는 대지가 탄생한 것입니다.

태양계의 다른 행성들도 형성되었습니다.

현재(신년의 0시)까지 앞으로 4개월 남았습니다.

지구가 태어난 지 3주 정도 지나자 생명체가 지상에 모
습을 나타냈습니다.

최초의 생명이 어디서 어떻게 태어났는지는 아직 잘 모
르지만, 이 무렵 작은 박테리아가 있었던 것 같습니다.

이날부터 지구는 '생명의 행성'이 되었습니다.

우리에게 이어지는 작은 생명의 싹이 조용하고 천천히
생명을 이어가기 시작했습니다.

가을이 지나고 겨울이 되어 드디어 12월도 후반에 접어
들 무렵, 어류와 곤충류, 파충류들도 생겨났습니다. 지구
위에서 각양각색 생명의 소리가 울리기 시작했습니다.

그런데 지구의 구조는 흔히 달걀에 비유됩니다.

달걀은 바깥쪽에 껍질이 있고, 그 안쪽에 흰자, 가운데에 노른자가 있습니다.

지구의 표면도 껍질처럼 얇은 암석(지각)이 덮고 있습니다. 당신도 나도 그리고 다른 생물들도 이 껍질 위에서 살고 있습니다.

껍질 아래에는 흰자에 해당하는 무거운 바위층(맨틀)이 표면에서부터 알의 절반 깊이까지 이어져 있습니다. 중심의 노른자 부분에는 고체와 액체의 금속으로 된 핵(코어)이 있습니다.

지구는 중심부가 뜨겁고 아직 활발한 천체입니다. 그 때문에 표면에서는 대지가 움직이고 지금까지도 거대 지진이나 큰 화산 분출이 일어나고 있습니다.

생물이 사는 지구 표면에서는 공기의 밸런스가 변동하거나, 기온이 크게 요동해서 지구 전체가 얼어붙기도 하고* 반대로 기온이 확 올라가기도 합니다. 지구의 환경은 지금까지 격렬하게 변화해 온 것 같습니다.

---

* 눈덩이 지구(Snowball Earth) 이론이라고 합니다.

화석 조사를 통해 옛날 생물들이 큰 멸종을 반복하고 있다는 것을 알게 되었습니다. 불합리하게 찾아오는 천재지변을 피해 지구 생물이 도망갈 수 있는 곳은 물론 없습니다. 대부분은 속수무책이었을 것입니다.

그렇다고는 해도 그중에는 잘 살아 온 것도 있었습니다.

우주 달력에서는 공룡이 크리스마스 무렵부터 며칠 동안 영화를 누렸습니다.

저벅저벅 대지를 누비며, 지구 생명의 정점에 군림하며 목숨을 부지하고 있었습니다.

하지만 그런 그들 또한 지구상에서 자취를 감췄습니다.

만약, 그들에게 '내일'이라는 개념이 있었다면, 분명 내일이 계속될 것이라고 믿어 의심치 않았을 것입니다.

계기는 거대 운석의 낙하인 것 같습니다.

물론, 운석에 직접 맞아 피해를 본 것들도 있었겠지만, 그 충격으로 대량의 먼지가 하늘을 뒤덮었고, 그때까지 당연히 있었던 태양광이 차단되어 지구의 한랭화가 시작되었고, 광합성을 못 하게 된 식물들이 죽고, 초식동물들이 죽고, 그것을 잡아먹던 육식동물들도 살 수 없게 되었습니다.

우주 달력으로 12월 30일 이른 아침의 일이었습니다.

공룡의 멸종은 결과적으로 인류에게 큰 사건이 되었습니다. 조용히 살고 있었던 포유류가 이것을 기회로 삼아 도약하기 시작한 것입니다.

우주 달력으로는 새해(현재)까지 앞으로 2일 남았습니다.

우리의 학명은 '호모 사피엔스'입니다. '지혜로운 사람'이라는 뜻입니다.

우주 달력에서 호모 사피엔스가 나타난 것은 공룡이 멸종한 다음 날 밤, 곧 새해가 되는 섣달그믐 심야 11시 50분경입니다.

즉 일 년이 끝나기 10분 전에, 당신의 아주 먼 조상이 비로소 이 땅을 밟기 시작한 것입니다.

현재 지구상의 어느 지역에 사는 사람도 뿌리를 더듬어 가면 아프리카에 도달하게 됩니다. 다시 말하면, 우리의 고향은 아프리카입니다.

화석 분석에 따르면, 우리 조상들은 600~700만 년 전 아프리카에서 인간이나 침팬지, 보노보(침팬지보다 작은 소형 원숭이)의 공통 조상에서 갈라져 온 것 같습니다. 그 후 복잡한 진화의 길을 더듬어 가면서, 아프리카에서 세계로 펴져 나갔습니다.

우주의 오랜 역사의 무대에서 보면, 우리 인간은 아주 최근에 무대에 오른 등장인물입니다. 공룡시대보다 더 고참이고 대선배인 바퀴벌레나 투구게가 보면, 코웃음 칠 정도의 풋내기로, 지구 생명의 무대에서도 아직 초짜의 신인임이 틀림없겠지요.

호모 사피엔스의 특수성

우리의 먼 조상인 할아버지와 할머니들(즉 호모 사피엔스)의 생활 방식은 대부분이 수렵과 채집이었습니다.

즉 지구상의 다른 생물들과 마찬가지로 지구에 있는 것을 사냥하고, 채집하고, 먹고, 먹히면서, 지구 환경 속에서 '피차일반'의 관계로 오랫동안 살았습니다.

그런데 시간이 더 지나서 우주 달력에서는 심야 11시 59분이 지나고, 드디어 새해(현재)까지 1분이 채 남지 않았을 때의 일입니다. 호모 사피엔스는 마침내 농경과 목축을 시작했습니다.

이것은 지구에게 큰 사건이었습니다.

지구 표면에 논밭을 만들거나, 다른 동물을 사육하는 생활 방식은 '지구를 사용한다'와 관련된 방식입니다. 새해까지 수십 초 남겨두고 새로운 관계성이 시작된 것입니다.

호모 사피엔스는 자신들의 땅에 다른 생물이나 낯선 것이 들어오는 것을 싫어하는 특성이 있습니다. 지구에게도 다른 생물들에게도 '피차일반'이 통하지 않는, 처음 경험하는 생물종이 나타난 것입니다.

호모 사피엔스는 지구상에서 유일하게 직립 이족보행 하는 생물입니다.

언어를 잘 구사하고, 자유로워진 손으로 도구를 만들고, 기술을 발전시키고, 열심히 주위 환경을 바꾸기 시작했습니다. 그들은 생활을 연구하는 데 능숙해서, 생물로서의 모습을 크게 바꾸지 않고 지구 전체로 퍼질 수 있었던 것 같습니다.

개체수(인구)는 늘어나기 시작하고, 현재에 가까워질수록 증가 속도는 더욱 빨라집니다.

호모 사피엔스가 지구에 미치는 영향은 엄청나서, 활동의 흔적이 이제 막 생겨나고 있는 지층에 새겨지기 시작했

다는 의견도 있습니다.[*]

먼 미래의 지구 생물이 화석 조사를 하면, 당신이 사용한 플라스틱 조각이나 원자력 실험을 한 것 같은 방사성 물질이 모두 나와서 깜짝 놀랄지도 모르겠습니다.

우주 달력 — 마지막 순간을 위한 릴레이

우주 달력의 마지막 순간으로 이야기를 되돌려 봅시다.

10대라면 지금으로부터 0.03초 정도 전에, 저 같은 중년이라면 0.1초 정도 전에 호모 사피엔스의 일원으로 지상에 태어났습니다. 웃는 얼굴로 당신을 맞아 준 사람들은 아주 조금 일찍 지구 생명의 일원이 된 사람들입니다.

그날 처음으로 당신은 지구의 공기와 닿았습니다.

아직 언어를 갖지 못한 당신은 이 세상을 어떻게 받아들였을까요?

---

[*] '인류세(人類世, Anthropocene)'라는 지질학적 개념으로, 지질시대로서 아직 공식적으로 인정받은 것은 아니지만 요즘 여러 분야에서 화제가 되고 있습니다. 한편, 인류세라는 개념 자체가 인간만을 예외로 하는 오만이라는 주장도 있습니다.

이 행성 위에서 당신의 일상이 시작되어, 호흡과 식사와 배설을 통해 세계와, 표정과 몸짓과 말을 통해 사람들과, 끊임없이 관계를 맺는 시간이 지금도 계속되고 있습니다.

이제부터 천수를 누린다고 해도 대략 앞으로 0.03초도 안 되는 시간을, 이 태양계 제3 행성 위에서 지내겠지요.

우주의 시간에 비해 한순간도 안 되는 그 시간이야말로 그 무엇과도 바꿀 수 없는 일상이며, 당신의 모든 것이 담겨 있는 생명의 시간입니다.

지구에서는 최근 5억 년 동안 적어도 다섯 번의 큰 멸종이 있었던 것 같습니다.

6,600만 년 전에는 공룡을 포함한 생물종의 70% 정도가 멸종했습니다. 삼엽충이 사라진 2억 5,000만 년 전에는 90% 이상이 사라졌습니다. 대멸종이 일어날 때마다 지구의 생명은 제거되어 크게 바뀌었습니다.

지금까지 지구에 나타난 생물종의 99.9%는 이미 모습을 감췄다고 합니다.

대부분 뼈나 발자국조차 남기지 못한 채, 우주에서 영원히 사라져 간 것입니다.

40억 년 전에 지구가 생명의 행성이 된 후부터 현재까지 '생명이 이어진 확률은 겨우 15%였다'는 연구 보고가 있습니다.* 즉 이 생명의 릴레이는 85%라는 꽤 높은 확률로 당신의 탄생까지 이어지지 않았을지도 모릅니다.

당신이 태어난 것 그 자체가, 과거에 사라져 간 생물들이 이 대지에서 생명을 불태웠다는 분명한 증거입니다.

* https://www.tcu.ac.jp/news/all/20200827-31943/, Tsumura(2020), "Estimating survival probability using the terrestrial extinction history for the search for extraterrestrial life", Scientific Reports, 10, 12795, DOI: 10.1038/s41598-020-69724-2

하늘에서
온 선물

별똥별에
소원을

반짝반짝 빛나는 별똥별을 본 적이 있나요?

『쇼보린』*이라는 예쁜 그림책 이야기의 시작에 별똥별이 등장합니다.

수줍음이 많은 쇼보린이 조용히 차를 마시고 있는데, 별똥별이 내려와 갑자기 생활이 변하게 되면서 시끌벅적하고 개성 있는 마을 사람들과 어울려 가는 이야기입니다.

쇼보린은 안타깝게도 별이 떨어지는 순간을 알지 못했지만, 쓱 흐르는 빛줄기를 만나면 뭔가 들뜬 기분이 들기 마

---

* 사토신&OTTO 글, 마츠무라마이 그림, 쇼가구캉

련입니다.

별똥별에 소원을 세 번 빌면 소원이 이루어진다는 전설은 세계 어느 나라에나 있다고 합니다. 그런데 별똥별은 찰나입니다. 발견한 순간에 소원을 세 번 비는 것은 너무 어려운 일이 아닌가 싶습니다.

별똥별은 우주공간을 떠다니던 먼지가 지구 대기에 뛰어든 순간 반짝반짝 빛나는 현상입니다. 별이 흐르는 것처럼 보이긴 하지만, 밤하늘에 빛나던 별이 흘러 떨어지는 것은 아닙니다.

별똥별에는 두 가지 유형이 있습니다.

'언제 떨어질지 모르는 것'과

'매년 정해진 시기에 뭉쳐 떨어지는 것'

언제 떨어질지 모르는 유형은 소원을 빌기 어려울 것 같네요.

한편, 정해진 시기에 떨어지는 유형은 '유성우'라고 합니다.

8월의 '페르세우스자리 유성우(Peseid meteor shower)'나 12월의 '쌍둥이자리 유성우(Gemini meteor shower)' 등을 들어봤

을지 모르겠네요.

유성우가 언제 뭉쳐서 떨어질 것인가는, 친부모인 '혜성(彗星, 꼬리별)'에 비밀이 있습니다. 부모인 혜성(모천체라고 합니다)은 태양계 멀리에서 오는 눈사람과 같습니다. '더러운 눈사람'이라고 불리기도 합니다. 눈사람은 태양에 가까워지면 일부가 녹아 꼬리를 뺍니다. 꼬리가 빗자루처럼 보이기 때문에 '빗자루별'이라고도 합니다.

애니메이션 영화인 신카이 마코토 감독의 『너의 이름은』에서는 1,200년마다 찾아오는 가공의 혜성이 등장해 이야기를 움직이는 열쇠가 됩니다.

해마다 추석쯤이면 볼 수 있는 페르세우스자리 유성우의 모천체는 태양 주위를 주기 130년 정도로 돌고 있는 '스위프트 터틀 혜성(Comet Swift-tuttle)'입니다.

혜성이 지나간 길에는 혜성에서 나온 먼지가 많이 쌓입니다.

태양 주위를 공전하고 있는 지구가 그 먼지의 띠에 끼면 많은 먼지가 지구에 부딪히게 됩니다. 먼지의 띠는 혜성이 지나간 부근에서 맴돌고 있기 때문에 지구가 그곳을 지날 때마다(매년 같은 시기) 별똥별이 많이 보인다(유성우)고 하는 것입니다.

'○○자리 유성우'라는 이름의 유래는 지구에서 본 먼지 띠의 끝, 저 끝에서 빛나는 별자리의 이름입니다. 우리에게는 유성우가 그 별자리 근처에서 사방팔방으로 흘러나오는 것처럼 보이기 때문입니다.

앞서 말한 페르세우스자리 유성우는 달빛이 없고 가로등이 적은 어두운 밤하늘에서라면 1시간에 40개 정도의 별똥별을 볼 수 있다고 합니다.

유성우는 많이 보이는 시간이나 달 밝기 등의 조건이 매년 다릅니다.

각 지역 과학관 홈페이지에 정보가 있으니 별똥별 관찰에 꼭 한번 도전해 보시기 바랍니다.

그러면 별똥별을 보는 요령을 조금 알려 드리겠습니다.

① 가로등이 적은, 가급적 하늘이 어두운 장소를 고릅니다. 이것은 별하늘을 볼 때도 마찬가지입니다.
② 하늘 어디에서 떨어질지 모르기 때문에 하늘이 탁 트

인 공원이나 하늘 전체를 바라볼 수 있는 옥상 등을 추
천합니다. 유성우라면 그 이름의 별자리 위치를 염두
에 두고 하늘 전체를 바라봅니다.

③ 여름철에는 방충제를 준비하고, 겨울철에는 추위를
대비하는 것이 중요합니다.

④ 밤이니까 안전에도 주의가 필요합니다. 특히, 어린이
들에게서 눈을 떼지 않도록 주의하세요. 물론, 야간
매너도 잊지 마세요.

⑤ 사람이 너무 많지 않은 곳을 고르는 것도 최근 주의
사항입니다.

⑥ 느긋하게 앉아서 여유롭게 바라봅니다. 어쨌든 상대
는 궁극의 대자연입니다.

어둠 속에서 나와 만나는 시간

당연히 별똥별을 발견하면 기쁘겠지만, 그것을 기다리는
시간도 꽤 좋습니다.

밤하늘을 느긋하게 바라보고 있으면, 별들의 색이 미묘

하게 다르다거나, 반짝이는 방법이 조금 다르다는 것을 깨닫기도 하고, 때로는 쓱 움직이는 인공위성을 발견하기도 합니다.

그렇게 우주 앞에 있으면 자연스럽게 마음이 느긋해지면서 여러 가지 생각을 하곤 합니다.

나 같은 경우에는 어린 시절 관측 중간에 올려다본 밤하늘이 생각나서, 그때의 냄새, 소리, 차가운 공기와 바람의 세기까지, 시간 여행처럼 기억이 살아납니다.

먼 별을 가만히 보고 있으면 '저 근처에서 이쪽을 보는 누군가가 있지 않을까?' 하는 어렸을 때와 같은 생각을 하기도 합니다.

반대로 '이제 집으로 가야겠네'라는 생각이나 '살 것을 깜빡했구나', '내일 반찬은 뭐로 할까?' 하는 일상의 이런저런 것도 머리를 스칩니다.

모두 나에게는 중요한 생각이지만, 어두운 우주공간을 보면서 무엇을 생각하는지는 사람마다 정말 다양합니다.

직업상 우주 이야기를 하고 다니다 보면, 여러 사람을 만나게 됩니다.

우주의 신비에 질문이 멈추지 않는 아이, 우주는 11차원이라고 강의를 시작하는 작은 박사(어른도 있습니다만)도 있고, 친구들과 함께 있는 것이 즐거워서 깔깔깔 웃음이 멈추지 않는 아이도 있습니다.

이런 일도 있었습니다.

그때까지 아빠, 엄마와 함께 즐거워하던 네 살 여자아이가 갑자기 큰 소리로 울기 시작했습니다. 오열을 해서 목소리도 꺽꺽거릴 정도로 엄마에게 매달려서 계속 울었습니다.

나는 조금 당황했습니다. 어두워서 무서웠나, 하는 생각이 들기도 했습니다.

근데 부모님 말씀을 들어보니 내 생각과는 조금 다르더군요. 엄마는 "정말 감동했구나"라며 아이의 등을 툭툭 두드려 주었습니다.

아이는 여린 마음에 무엇을 느꼈을까요?

어떤 아이가 가만히 우주를 바라보다가 옆에 있던 처음 만난 어른의 손을 말없이 꼭 잡은 일이 있습니다. 또 다른 아이는 "나는 우주비행사가 될 거야"라며 초롱초롱한 눈으로 이야기해 준 적도 있습니다.

"이렇게 넓은 세상에서 우리가 만났다니 정말 대단해!"
라고 하며 안고 있던 아이에게 볼을 비비던 아빠의 모습에
서는 나도 모르게 훈훈해졌습니다.

가족끼리 별이 많이 보이는 섬에 놀러 갔던 기억이 떠오
른 아버지와 대학생 딸에게는 각자 그때의 추억을 담은 메
시지를 받았습니다. 보물 같은 가족 여행이었던 것 같습
니다.

내가 만나는 분들은 부모 자식이나 부부, 어린이집, 초·
중학생, 아동센터, 노인시설, 사회복지시설, 학부모회, 동
창회 등 각양각색입니다. 사람은 각자 정말로 다양하고 복
잡한 배경을 가지고 열심히 살고 있다는 것을 나는 그때마
다 배웁니다.

꽃을 보고 화내는 사람이 없는 것처럼 밤하늘에 별을 보
며 화를 내는 사람도 분명 없을 것입니다.

우주공간을 자신의 무대로 바라보는 시간은 마음이 진정
되기도 하고, 잠시 생각을 멈추기도 하는, 자기 자신을 바

라보기 위해 필요한 시간일지도 모릅니다.

별똥별을 기다리는 여유로운 시간은, 분명 그 좋은 기회일 것입니다.

당신도 별똥별을 기다리는 시간에 가끔 자신만의 자유로운 생각을 즐겨 보는 것은 어떨까요?

우주를 떠다니는
거대한 바위

'무민(Moomin)'은 핀란드 작가 토베 얀손(Tove Jansson)이 그린 가공의 생물입니다.

무민 시리즈의 소설이나 그림책에는 주인공 무민 트롤과 소설가 아빠, 자상한 엄마, 여행을 좋아하는 스나후킨과 올림머리 리토루미이 등 많은 친구가 등장합니다.

내가 어렸을 때 무민이 TV 애니메이션으로 방영되고 있었습니다.

두 살 어린 동생과 함께 자주 보곤 했습니다. 느린 템포의 이야기가 많았는데, 그중 '무민 계곡의 혜성'은 조금 색다른 이야기였습니다.

우주에서 거대한 혜성이 다가와 무민 계곡이 발칵 뒤집혔다는 이야기입니다.* 크고 빨갛게 그려진 혜성이 어쩐지 섬뜩하고 무서웠던 기억이 납니다.

"정말 이런 게 오면 어떡하지? 하지만 이건 이야기고, 그런 일은 일어나지 않아, 괜찮을 거야, 아마도, 그런데, 만약에….."

어린아이니까 진짜로 걱정했던 것입니다.

하늘에서 떨어지는 바위

현실 세계에서는 어떨까요?

1992년 12월 10일 뇌우가 내리던 밤, 시마네현 마쓰에시의 한 가정집으로 하늘에서 바위가 떨어졌습니다.

'운석(隕石)'입니다.

---

* 『무민 계곡의 혜성』 토베 얀손 글·그림, 시모무라 류이치 번역, 고단샤 아오토리문고

운석은 우주공간에서 지구로 떨어진 바위입니다.

무민 이야기에서는 혜성이 떨어졌지만, 운석의 대부분은 소행성 조각인 것 같습니다.

소행성 조각이 작은 모래알 크기라면, 하늘 높은 곳에서 타버려 별똥별처럼 빛납니다. 조금 더 커서 타지 않고 땅까지 떨어진 것을 운석이라고 부릅니다.

우리가 있는 이 태양계에는 태양 주위에 많은 소행성이 돌고 있습니다. 이 책의 집필 시점에서 110만 개 이상이 발견되었습니다.

일본의 소행성 탐사선 '하야부사'와 '하야부사2'가 다녀온 '이토카와'와 '류구'도 소행성입니다.

NASA의 '오시리스 렉스'가 향한 '베누'를 아는 사람이 있을지 모르지만, 베누도 소행성입니다.

소행성 대부분은 화성과 목성 궤도 사이에서 발견되고 있습니다.

그런데 지구 근처까지 오는 것도 있지만, 지구가 지나갈 때 타이밍이 좋지 않으면 교통사고처럼 부딪혀 버립니다.

이것은 '천체 충돌'이라는 현상입니다.

늘 가던 길을 안전 운전하고 있었던 우리에게는 '상대 과실의 사고'와 비슷할지도 모릅니다.

앞서 마쓰에시에 떨어진 운석은 민가 지붕을 직격했습니다.

지붕 기와 4장을 부수고 2층에 침입, 2층 바닥을 카펫 채로 뚫고, 또 1층 다다미를 솟구치게 하며 마루 밑으로 떨어졌습니다. 방은 '천장이 내려앉고 장지문의 창살이 부러지고, 마치 집안을 태풍이 휩쓸고 간 뒤의 모습*과 같았습니다. 다행히 다친 사람은 없었지만, 발견된 운석의 길이는 25cm, 무게는 6kg 이상이나 되었습니다.

이런 일은 희박하다고 생각할지도 모르지만, 2018년 9월에는 아이치현 고마키시의 민가에도 떨어졌습니다.

이때도 운석은 집 지붕을 뚫고 이웃집 주차장과 차를 부서뜨렸습니다. 다음 날 아침, 정원과 테라스에는 검은 파편이 있었고, 옆집 현관 앞에는 10cm 정도의 검은 돌이 발견

---

* 『미호관운석소동전말기』 마쓰에 천문동호회 사무국편

되었습니다.

2020년 7월에는 관동지방 상공에 '화구(火球)'라고 하는 훨씬 밝은 별똥별이 목격되어 작은 소동이 벌어졌습니다. 빛뿐만 아니라 굉음도 울렸다고 해서 경찰에 신고하는 사람도 있었습니다. 그때의 운석이라고 생각되는 것이 지바현 나라시노에서 발견되어 '나라시노 운석'이라는 이름이 붙었습니다.

사실 지구로의 천체 충돌은 자주 일어나고 있습니다.

지구 표면의 70%가 바다이기 때문에 대부분은 우리가 모르게 바다로 떨어지고 있다고 생각합니다.

물론, 육지로 떨어지는 것도 있는데 그 예가 마쓰에시나 고마키시나 관동 상공의 화구입니다. 일본 국립과학박물관의 운석 리스트*에는 일본에 낙하한 운석이 50개 이상 적혀 있습니다.

다른 나라도 한번 살펴봅시다.

2013년 2월 15일의 일입니다.

---

* https://www.kahaku.go.jp/research/db/science_engineering/inseki/inseki_list. html

러시아 첼랴빈스크(Chelyabinsk)라는 거리에 마쓰에시나 고마키시보다 더 큰 운석이 떨어졌습니다. TV나 SNS에도 영상이 나왔기 때문에 기억하시는 분이 많을지도 모릅니다.

부딪힌 천체는 공중에서 분열되어 폭발했습니다.

그 충격파로 커다란 유리창이 깨지고, 벽이 부서지고, 사람이 날아가는 등 많은 사람이 다쳤습니다.

충격파라는 것은 (자세한 설명은 생략하지만) 액션 만화에서 주인공이 공격받고 날아가는 그런 것입니다. 엄청난 파괴력이 있습니다.

피할 수 없는 운명이 소리 없이

이번에는 아주 옛날로 거슬러 올라가 봅시다.

6,600만 년 전에 공룡이 멸종한 것은 운석으로 인한 기후 변화 때문이라고 생각합니다. 충돌 직후 300m에 달하는 거대 쓰나미가 발생했다고도 합니다.

공룡뿐만 아니라 지구상 생물종의 70%가 이 무렵에 멸종되었다고 하니 엄청나게 막대한 자연재해입니다.

이때의 운석이 만든 것으로 보이는 지름 약 200km의 거대한 분화구(구덩이)가 멕시코 유카탄반도(Yucatan Peninsula)에서 발견되었습니다.

공룡들은 그런 순간이 다가올 줄은 꿈에도 몰랐겠지요.

하지만 그들의 머리 위에서는 피할 수 없는 운명이 소리없이, 시간을 달려서 다가오고 있었던 것입니다.

그야말로 '모르는 게 약'일지 모르겠네요.

지구 46억 년의 역사를 봐도 천체가 부딪히는 '천체 충돌'은 드물지 않습니다.

원래 지구는 '미행성(微行星)'이라는 작은 천체(초거대 운석 같은 것)가 여러 번 부딪히면서 탄생한 천체입니다. 현재에도 작으면 당신이 소원을 비는 '별똥별'이고, '화구' 또는 작은 '운석'이라면 비교적 보고 들을 기회가 있습니다.

좀 무서운 이야기가 되었지만, 외면하면 안 됩니다.

기억해 주세요.

지금 당신이 발을 디디고 있는 그 땅은 부동의 대지가 아니라, 우주공간을 떠다니는 천체입니다. 마찬가지로 우주를 떠다니는 다른 천체가 이상 접근하는 것은 지극히 자연스러운 일입니다.

큰 것은 '머지않아' 찾아옵니다.
당신은 지금 그때의 공룡처럼, 모르는 게 약일지도 모릅니다.

하늘에서 바위가 떨어지면
당신이 할 수 있는 일

운석이 어느 정도의 위협인지는 떨어지는 장소, 운석의 크기, 빈도수에 따라 다릅니다. 공룡을 멸종시킨 운석은 지름 10km 정도의 크기였습니다.

빈도는 1억 년에 1회로 극히 드문 것입니다. 하지만 거대하기 때문에 영향은 지구 규모였습니다. 다행히도 지금까지(집필 현재) 확인된 바로는 가까운 장래에 지구에 부딪힐 만한 거대한 소행성은 없습니다.

한편, 큰 피해가 난 첼랴빈스크 운석은 지름이 20m 정도입니다.

빈도는 수백 년에 한 번 정도입니다.

'근데 뭐 수백 년에 한 번이면 안심이네.'

이렇게 생각하시나요?

하지만 이 작은 사이즈(수십m에서 수백m)는 조금 골칫거리입니다.

크기가 작아도, 육지에 떨어지면 거리나 대도시, 자칫하면 나라 전체를 파괴해 버리는 위력이 있습니다. 그렇다고 바다에 떨어지면 괜찮은 것도 아닙니다. 바다에 떨어지면 거대 쓰나미로 몰려올 가능성이 있습니다.

이런 작은 소행성은 큰 것보다는 훨씬 수가 더 많고, 게다가 인간이 우주공간에서 발견하는 것은 아직 극히 일부입니다.

첼랴빈스크의 피해는 운석이 육지, 그것도 사람이 사는 곳에 떨어지면 인간 사회(그리고 당신의 일상)에 엄청난 피해가 생긴다는 것을 알려 줍니다.

그런 천체가 우주에 아직 "셀 수 없이 많을 것 같다"는 것은 좋지 않은 징조입니다.

빨리 발견하지 않으면, 첼랴빈스크처럼 갑자기 머리 위

에서 타격이 올지도 모릅니다.

어떻게 안 될까요?

다행히 운석의 위협은 화산의 분화나 지진과는 성질이 다릅니다.

지진이나 분화는 언제 어디서 일어날지 예측이 어렵습니다. 반면, 천체는 우주공간을 자연의 법칙에 따라 거의 정확하게 운동합니다.

즉 빨리 발견해서 소행성을 감시(궤도나 성질을 자세하게 조사)하면, '확실하게 예측할 수 있습니다.' 다시 말하면, '어떻게든 해결할 수 있는' 자연 현상인 것입니다.

앞에서 언급한 『무민 계곡의 혜성』 외에도 천체 충돌을 소재로 한 소설이나 영화는 많습니다.

사람이 우주선에 탄 채로 돌격해 천체를 부수거나, 떨어진 운석 때문에 마을이 통째로 사라져 버리거나 하는 등 설정은 다양하지만, 어느 작품이나 인간이 압도적인 파멸에 어떻게 마주하는가를 그리는 경우가 많은 것 같습니다.

현실 세계에서는 '플래너터리 디펜스(Planetary Defense)'라는 활동이 있습니다.

군이 번역하자면 '지구방위'라고 하면 될까요?

플래너터리 디펜스는 '스페이스 가드'라고도 하며 지구로의 천체 충돌 문제를 다루는 활동입니다. 지구로 다가오는 천체를 찾고, 만약 지구에 부딪힐 것 같으면 작전을 짜는 것이죠.

활동의 거점은 세계 각국에 있고, 일본에서는 'NPO 법인 일본 스페이스 가드 협회*가 중심이 되어 활약하고 있습니다. 당신도 마음이 있다면 이러한 활동에 지원할 수 있습니다.

소행성의 날

매년 6월 30일은 '소행성의 날(Asteroid Day)'입니다.

왜 6월 30일이냐면, 1908년도 시베리아에서 운석에 의한 피해(퉁구스카 대폭발)**가 있었던 날이기 때문입니다.

---

* https://www.spaceguard.or.jp/html/ja/index.html
** 퉁구스카 대폭발에서는 폭발 중심지로 50km 사방의 침엽수가 쓰러져 사슴류가 많이 희생되고, 대규모 화재도 발생했습니다. 여러 가지 설이 있지만, 지름 60m의 천체가 상공에서 폭발한 것으로 봅니다.

소행성의 날은 지구의 천체 충돌이 우리 개개인에게 중요한 문제라는 것을 많은 사람에게 알리기 위한 날입니다. 이날 전후로 전 세계에는 강연회 등의 행사가 기획되고 있습니다.

20m급 첼랴빈스크 운석의 경우, 예상되는 빈도는 수백 년에 한 번일 것입니다. 빈번하지도 않고, 육지는 지구의 30%밖에 안 되고, 게다가 사람들이 사는 지역이 된다는 리스크는 더 낮았을 것입니다.

그래도 천체는 다가왔습니다.

첼랴빈스크 시내에서는 3,000개 이상의 유리창이 깨지고, 공동주택이나 학교, 유치원, 병원 등이 충격으로 피해를 당해 1,500명 넘는 사람이 다쳤습니다.

머리 위로부터의 위협이 현실에도 있는 것입니다.

운석은 지구 어디로 떨어질지 모릅니다. 혹시라도 떨어지는 곳이

도쿄나 뉴욕 같은 인구 밀집 지역이라면,

발전소처럼 광범위한 영향을 주는 시설이라면,[*]

아이들이 지내는 유치원이나 학교라면,

방치된 핵폐기물 처분 시설이라면,

그것도 아니라 당신이 사는 동네라면….

우주 달력으로는 호모 사피엔스가 우주에 등장한 것은 이제 겨우 10분 정도입니다.

그 500배 이상의 오랜 기간, 지구의 지배자였던 공룡조차도 이 지구와 이 우주에서 깨끗하게 자취를 감추었다는 것을 기억하세요.

인간은 각자 각자는 현명하게 살고 있지만, 집단으로는 머리 위의 위협을 모르고 눈앞의 상대와 어깨를 나란히 하기 위해서만 열심히 바쁘게 살고 있습니다.

그렇지만 그저 무서워만 하는 것도 옳지 않습니다.

우리 호모 사피엔스는 공룡처럼 '모르는 게 약'인 것이

---

[*] 예를 들어, 마셜제도의 '루닛 돔'은 핵실험으로 발생한 방사성 폐기물이 묻힌 콘크리트 거대 구조물입니다. 이미 콘크리트가 열화하고 있어 환경에 미치는 영향이 걱정됩니다.

아니라, 어떻게든 해 보려는 많은 지혜를 갖고 있기 때문입니다.

과학 분야에서는 이미 준비가 진행되고 있습니다.

플래너터리 디펜스와 관련 있는 연구자들은 날마다 분투하고 있습니다. 2000년경부터는 UN을 비롯한 국제적인 움직임도 활발해지고 있습니다.

가장 시급한 일은 작은 크기의 소행성이 '어디에, 어떤 것이, 얼마나 있는지'를 최대한 빨리 알아내는 것입니다.

태양의 방향에서 다가오는 천체는 발견하기 어렵다는 문제도 있습니다. 발견하려면 성능이 좋은 망원경을 사용하거나, 우주에서 관측해야 합니다.

만약 당신이 당신의 집으로 향하는 소행성을 일찍 발견한다면, 가능한 한 피해를 최소화하기 위해서 소행성의 움직임을 얼마나, 어떻게 바꿀 것인가 하는 것도 생각해야 합니다.

모두가 패닉에 빠지지 않도록 어떻게 안내 방송을 할 것인가 하는 것도 중요하겠네요. 인간이 한 팀으로 뭉치면 빠른 발견도, 감시도, 정확한 예측도 할 수 있게 됩니다. 그러기 위해서는 온 세상의 '지혜'와 '기술'과 '돈'과 '사람'을 잘 모아야만 합니다. 사소한 차이로 서로 말다툼하고, 우물쭈물하다가 늦어지는 것은 곤란합니다.

여러분이나 내가 할 수 있는 일이 뭔가 있을까요?

우선, 이런 머리 위에서의 큰 타격이 있다는 사실과 다 같이 힘을 합치면 어떻게든 할 수 있다는 것을 기억하는 것이 매우 중요합니다.

거대 운석이 떨어지기 전에 할 수 있는 일

이런 상상을 해 봅시다.

'거대 소행성을 ××자리 방향에서 발견, ○월 △일에 충돌. 인류 대위기!'

어느 날 속보로 이런 중대 뉴스가 전 세계에 퍼집니다. 온 세계 모든 사람이 공황 상태가 됩니다.

어쩌면 운 나쁘게 여러분이 사는 마을로 올 가능성이 있고, 게다가 소행성의 크기와 성질에 따라서 지구 규모의 대재앙이 될 수도 있습니다.

실제로 첼랴빈스크보다 작은 10m 정도도 히로시마 원자폭탄만큼의 폭발력이 있고, 500m라면 전면 핵전쟁 급이라는 계산도 있습니다.

큰 충돌일수록 당신이 서 있는 땅은 심하게 부서져 날아오르고, 산림은 물론 사람이 많이 사는 마을이나 도심 곳곳에서도 대형 화재가 일어날 것입니다.

공룡시대처럼 대량의 먼지와 연기는 태양의 빛을 가려 지구 전체의 기온이 떨어집니다.

눈 깜짝할 사이에 전 세계 농업은 큰 타격을 입습니다.

그렇게 되면 가축은 물론, 우리도 식량문제의 어려움을 겪게 됩니다.

핵전쟁에서 일어나는 '핵겨울'과 같은 일이 금방 일어날 것 같습니다.

이제 시간이 없어. 어떻게 하지? 도망갈 곳이 없네. 대책이 없어….

상상만 해도 식은땀이 나네요.

하지만 눈을 잘 뜨고 주위를 둘러보세요.

그런 일은 '아직' 일어나지 않았습니다.

우리에게는 아직 시간이 있습니다.

많은 생물이 평화롭게 땅을 기어 다니고 하늘을 날고 있습니다.

생물이 있고 사람들은 살아가고 일상은 변함없이 흐릅니다.

당신의 손과 발에 시선을 모아 보세요.

피가 흐르고, 체온이 있고, 생명의 향기를 풍기고 있습니다. 그것은 긴 우주의 시간 속에서, 미래도 아니고 과거도 아닌 바로 지금, 당신이 지구라는 행성에 살고 있다는 증거입니다.

당신이 생명의 시간이 있는 한, 그 손과 발로 당신이 할 수 있는 일은 아직 많습니다.

※ 여기서는 소행성의 위협에 관해서 이야기했지만, 소행성은 미래에 '자원'으로 이용할 가능성이 있고, 옛 태양계나 생명의 기원을 알 수 있는 '과학적 흥미'가 무궁무진하고 매우 매력적인 천체이기도 합니다.

인생은 당신이
주인공인 이야기

우주에서 보는 나

초등학생이었을 때 나는 곰곰이 생각했습니다.

왜 사는 걸까?
왜 태어난 걸까?
저 아이도 이 아이도, 나도 왜 지금 여기에 있는 걸까?

분명 누구나 지나온 길이겠지요.

나는 그 한복판에 있었습니다. 사춘기에 접어든 초등학
교 마지막 겨울의 일입니다.

아침에 일어나서 밥을 먹고, 학교에 가서 수업을 듣고, 친구들과 수다도 떨고, 집에 돌아와 저녁을 먹고, 샤워를 하고, 이를 닦고….

매일 같은 일을 반복하는 나는 도대체 무엇 때문에 그러는 것인가? 왜 내가 지금 여기에 있는가? 없으면 안 되는 건가? 지금부터는 어떻게 되는 것인가? 문득 이상하게 생각했던 것입니다.

어느 날, 휴가 중인 담임 선생님을 대신해서 교감 선생님이 교실에 오셨습니다.

조금 엄격한 그 선생님이 나는 어려웠습니다.

오후 5교시의 일이었습니다.

선생님은 갑자기 "우리는 왜 살고 있을까?"라는 말씀을 하기 시작하셨습니다.

어? 답답한 내 마음이 보였나 싶어 깜짝 놀랐는데, 선생님도 어렸을 때 같은 고민을 한 때가 있었던 것 같습니다.

그리고 "제 생각입니다만"이라고 전제하고 이렇게 말씀하셨습니다.

"사람은 행복해지기 위해서 살고 있습니다."

교감 선생님의 그 한마디가 13살 아이의 마음을 크게 흔들었습니다.

'그렇구나. 그거면 된 거구나.'

나는 괜히 마음이 즐거워졌습니다.

과학이 밝혀낸 우주나 지구의 모습은 우리에게 많은 설렘을 주는 동시에 현대 사회에서 바쁘게 살고 있는 우리에게 어떤 힌트를 주기도 합니다.

나는 힘들거나 우울하거나 답답할 때, 우주로 마음만 떠나보낼 때가 있습니다. 바꿔 말하면, 우주로의 현실도피입니다.

그곳에서 보는 경치는 아름답고 차갑고 따뜻하고 웅장합니다.

그리고 무엇보다 발아래의 지구가 사랑스럽고, 잠시 내려다보고 있으면, 그곳에서 살아가는 나를 포함한 모든 것이 사랑스럽기도 하고, 왠지 재미있어 보이기도 합니다.

어느 생명이나 열심입니다.

힘든 일이 생기면, 너도나도 우왕좌왕합니다.

기쁜 일이 있어도 우왕좌왕합니다.

게다가 꽤 다투기도 합니다.

그중에서도 인간은 좀 거만하죠.

그래도 각자 개개인의 시간을 저마다 열심히 살아가고 있습니다.

나는 우주의 이야기를 하고 있지만, 아직 우주에 가 본 적이 없습니다.

하지만 어둡고 소리도 없는 우주공간에서 상상의 눈으로 보는 지구에는 희미한 공기가 있고, 액체의 물이 그 표면을 덮고 있고, 땅이 있고, 풀이 있고, 바람이 있고, 수없이 많은 생명이 살고 있고, 그 하나하나에 생활이 있고, 이야기가 있습니다.

이윽고 그들이 이 행성 위에서 남은 생명을 필사적으로 태우려는 모습도 보이고, 어느새 내 마음에는 짧은 시간에 이 자리에서 만난, 먼저 떠난 소중한 사람들의 얼굴이 떠오릅니다.

우주로의 현실도피

지금 당신도 지구로부터 조금 떨어진 우주공간에 있다고 합시다.

눈을 감고, 소리도 없고 바닥도 없는 검고 차가운 공간에서 파란색과 흰색으로 빛나는 구체가 둥둥 떠 있고, 46억년 동안 담담하게 계속되는 역사의 한 컷을 내려다보고 있다고 상상해 보는 것입니다.

지구의 표면 어느 곳에서는 태양이 있던 낮에서 밤의 세계가 되어 많은 생물이 몸과 마음을 쉬고 있을 것입니다.

반대편 어떤 곳에서는 새로운 아침을 맞이한 사람들이 바쁘게 움직이기 시작할 것입니다.

한참을 보고 있는데, 우주공간 어디선가 소리 없이 찾아온 작은 먼지가 구체로 끌려들어 가면서 희미한 빛을 냅니다.

그것을 발견한 지상의 누군가 '별똥별이다!' 하고 기뻐하고 있을지도 모르겠네요.

지상의 생명 하나하나는 우주의 시간이 있을 때 나타나

서, 잠깐 거기에 있습니다. 우주 시간으로는 한순간도 안 되는 아주 작은 사건입니다.

만약 생명이 별똥별처럼 빛을 발한다면, 우주에서 보는 지구는 빛났다가 사라지는 고결한 생명의 빛으로 눈 부신 빛 덩어리일 것입니다.

생명을 '우주에서 존재가 허용된 시간'이라고 생각할 수도 있습니다. 그것은 아침에 일어나 학교나 회사에 갔다가 돌아와서 다시 잠이 드는 일상의 반복적인 시간이기도 합니다. 일상은 그 자체가 살아 있는 것입니다.

잠시 지금까지의 당신을 떠올려 보세요.

철이 들었을 때부터 지금까지 어떤 일이 있었을까요?

당신의 시간에는 태어나서 지금까지의 모든 것이 담겨 있습니다.

어떤 경험이든, 이후에도 이전에도 같은 것은 없습니다. 다른 사람과 바꿀 일도 없고, 다른 사람의 시간을 받을 수도 줄 수도 없을 것입니다.

우주가 아무리 크고 끝이 없어도, 당신이 있는 곳은 이 작은 행성 위이고, 지금 책을 읽는 당신이 있는 곳에 당신 말고는 누구도 있을 수 없습니다.

이 얼마나 신기한 세계인가요.

왜 태어난 걸까?

왜 만나는 걸까?

또 왜 헤어지는 걸까?

우리는 그 이유를 알고 싶어 하는 생물입니다.

'행복해지기 위해 살아간다'는 것은 분명 여러 답 가운데 하나일 것입니다. 성장하기 위해서야, 신의 뜻이야, 이유 같은 건 없어, 이 세상은 환상이야, 라는 것도 또 다른 답이라고 생각합니다.

그렇게 이유를 찾아 헤매면서, 우리는 생명이 있는 한 지구에서 동시대 것들과 태양 주위를 시속 10만km로 계속 도는 것입니다.

그러다가 당신에게도 나에게도 운명의 시간이 끝날 때가 찾아올 것입니다.

별자리를 만든 5,000년 전의 고대인이나 먼저 떠난 소중한 사람들이나, 생물들처럼 우리도 지구와 우주의 역사 속으로 편입되어 가는 것입니다.

그 이후로도 지구는 돌고, 태양은 빛나고, 우주의 시간은 끝없이 흘러갈 것입니다. 장대한 우주라는 무대 한쪽에 작은 생명이 있었다는 사실을 어딘가에 새기면서.

우주를 무대로, 그 무대의 등장인물로서 자신을 어떻게 연기할 것인가는 당신에게 달렸습니다. 인생은 당신이 주인공인 이야기입니다.

별의 신비
지구의 신비
생명의 신비

별의 운명

"하늘을 올려다본 기억이 있으면 이야기해 줘."

친구들에게 그런 얘기를 물어본 적이 있습니다.

나는 낮의 하늘을 매우 좋아하기 때문에 낮 하늘을 포함하여 질문을 한 것인데, 돌아온 대답은 밤하늘이나 별에 대한 추억이 대부분이었습니다.

'엄마와 손잡고 학원에 갈 때, 겨울 하늘에서 오리온자리를 발견한 일. 그때 엄마의 따뜻했던 손'

'이사하던 중에 본 무서울 정도로 가득 차 있던 별과 그때 불안했던 마음'

여러 이야기가 모였습니다.

밤하늘을 보면서 하늘나라에 계신 부모님과 대화를 나눴다는 친구, 남편과 불꽃놀이에 가서 하늘을 보고 있었는데 엄청나게 큰 별똥별이 떨어져 불꽃놀이가 묻혀 버린 이야기를 해 준 친구도 있었습니다.

내 경우에는 어린 시절 하늘을 올려다보며 '저기에 가까이 가보고 싶다'고 소원을 빌었던 일이나, 젊은 시절에 머물렀던 뉴질랜드에서 거대한 은하수를 앞에 두고 어질어질했던 일이 있었습니다. 기억을 더듬으면, 자신의 소중한 사람이나 시간이 등장하기 마련입니다.

넓은 하늘이나 저 멀리 떨어진 별들이 우리 마음을 움직이다니 왠지 멋지네요.

그런데 새삼, 별이 뭘까요?

우리가 '별'이라고 하는, 저 밤하늘의 반짝거리는 것은 크게 두 종류가 있습니다.

'행성(行星)'과 '항성(恒星)'입니다.

행성은 지구의 친구입니다.

앞에서 말했지만, 행성은 수성, 금성, 지구, 화성, 목성,

토성, 천왕성, 해왕성, 이렇게 8개입니다. 광대한 우주 속에서 우리 가까이에 있고 태양 빛을 반사하며 빛나고 있습니다. 밤하늘에서 별자리의 별과 다르게 움직이기 때문에 떠도는 별, 즉 '행성'이라는 이름이 붙었습니다.[*]

항성은 태양의 친구입니다.

항성은 자신이 갖고 태어난 연료로 반짝반짝 빛납니다. 별자리를 만드는 별들도 다 항성입니다.

태양은 우리와 가깝기 때문에 지구의 낮과 밤을 만들거나, 계절의 변화를 연출하며 우리에게 큰 영향을 줍니다. 반면, 태양을 제외하고는 모두 멀리 있기 때문에 반짝반짝 빛나도 여기서는 작은 빛의 점으로밖에 보이지 않습니다.

태양 이외의 항성 주위에도 행성이 발견되었습니다.

이것들을 태양계 행성과 구별해서 '계외행성'이라고 합니다.

계외행성은 지구에서 육안으로는 찾을 수 없습니다. 왜

---

[*] 행성이라고 이름이 붙었을 때는 눈으로 명확히 볼 수 있는 토성까지였습니다. 천왕성과 해왕성은 망원경이 발명된 후 발견된 행성입니다.

냐하면, 바로 옆에 있는 항성이 너무 밝아서 외부행성이 그 빛에 묻히기 때문입니다.

만약, 태양계 밖의 먼 행성에 외계인이 존재해서 그들이 이쪽을 보고 있다고 해도 태양이 너무 밝아서 지구를 찾기는 역시 어렵습니다. 그렇다는 것은 어쩌면 발견하기 어려울 뿐, 사실 밤하늘의 별 대부분이 외부행성을 가지고 있을지도 모릅니다(천문학에서는 '별'은 '항성'을 뜻하기 때문에 이 장에서도 '별'은 '항성'이라고 생각하면 됩니다).

별의 고향

별의 고향은 우주를 떠다니는 구름 속입니다. 이 구름을 분자운(分子雲)이라고 합니다.

구름 속에는 가스나 먼지(고체 미립자)가 있고, 조금 짙은 곳이 있으면 중력으로 주위의 가스나 먼지를 당겨, 그 근처는 더욱 짙어집니다. 그 상태로 점점 짙어져 중심 온도나 압력이 높아지면 별로서 빛나기 시작합니다. 이때 별 안에서는 핵융합 반응이라는 엄청난 에너지를 만드는 반응이 시작됩니다.

태양도 이렇게 해서 지금으로부터 46억 년 전에 태어났다고 합니다.

별은 태어나면서 조금씩 성장(진화)해 가는데, 처음 가지고 있던 수소 연료로 빛나는 시기가 가장 길고 안정적입니다. 이 시기의 별을 주계열성(主系列星, main sequence star)이라고 합니다. 우리 태양은 바로 이 안정기에 있습니다.

그 후 별들은 타고난 수소 연료가 떨어지면, 점점 불안정해지고 빠른 속도로 일생의 끝을 향해 갑니다.

그 별이 몇 도이고 몇 살(진화의 단계)인지 알려 주는 것이 별의 색입니다. 밤하늘의 별들은 자세히 보면 알록달록합니다. 희끗희끗한 별, 노르스름한 별, 붉은 별… 차이는 미묘해도 여러 색이 있다는 것을 알고 있나요? 그 색으로 별의 나이를 알 수 있습니다.

태양은 노랗게 빛나는 중년의 별로, 표면 온도는 6,000도 정도입니다. 덧붙여서 철이 1,500도에서 걸쭉해지니까 6,000도는 엄청난 고온입니다.

큰개자리의 시리우스(Sirius)는 파랗게 번쩍번쩍 빛나는 젊고 에너지 넘치는 별입니다. 시리우스의 표면 온도는 태양보다 더 높은 1만 도나 됩니다.

반면, 나이가 들수록 표면 온도는 낮아집니다. 오리온자리의 베텔게우스는 3,400도로 태양보다 훨씬 낮고, 붉은 별로 보입니다.

화성도 빨갛게 보이는데 그 이유는 다릅니다. 화성이 붉은 것은 원래 붉은 표면이 태양 빛에 비치기 때문입니다. 화성이나 지구 같은 행성의 색은 지면이나 대기의 성분으로 결정됩니다.

무게로 결정되는 별의 운명

별의 운명은 실은 태어났을 때의 체중(연료가 많은가 적은가)으로 정해집니다.

연료가 많으면 오래 살까요? 오히려 그 반대입니다. 연료 사용법이 너무 격렬해서 금방 다 써 버리기 때문입니다.

'태어날 때 무거울수록 연비가 나쁘다'라고 할 수 있겠네요.

태양보다 10배나 무거운 별의 수명은 수천만 년 정도입니다.

무거운 별은 마지막에 '초신성 폭발'이라는 대폭발을 하고 일생을 마감합니다.

태양의 수십 배나 무거운 초중량 급이면 폭발 후 빛으로도 도망칠 수 없는 '블랙홀'이 남는다고 합니다. 우리 은하계에는 이러한 대폭발로 생긴 블랙홀이 여러 개 있습니다.

반면, 가벼운 별은 에너지를 천천히 만들어 내기 때문에 오래 삽니다.

예를 들어, 태양과 비슷한 무게의 별이라면 수명은 100억 년 정도입니다.

태양의 절반 정도라면 1,000억 년보다 더 오래 살 것 같습니다(우주의 나이보다 긴 것이어서 아직은 알 수 없습니다).

즉 무거운 별은 단명합니다. 순식간에, 우주에서 사라져 버립니다.

가벼운 별은 장수합니다. 하지만 너무 가벼우면 핵융합이 안 돼서 애초에 별로서 빛을 잃어버립니다.

지구 생명의 행운

그렇게 생각하면 태양이 적당한 체중이었던 것은 지구에 생명이 탄생하는 데 행운이었습니다.

너무 무거웠다면 생명이 태어나기 전에 태양은 사라졌을 것이고, 너무 가벼웠어도 에너지 부족으로 지구 환경은 생명에 적합하지 않았을 것입니다.

바로 지금, 우리가 지금의 모습으로 이곳에 있는 것은 '적당한 크기의 태양이, 지금 안정적으로 빛나고 있는 시기'이기 때문입니다.

게다가 지구가 태양으로부터 적당한 거리에 있다는 점도 우리의 존재를 위해서는 중요한 조건입니다.

예를 들어, 태양계의 제1 행성인 수성은 태양과 지구의 거리(1억 5,000만km)의 40% 정도에 있습니다. 그래서 태양으로부터 지구의 7배나 되는 에너지를 받기 때문에 태양이 비치는 쪽 온도는 400도나 됩니다. 지구와 같은 공기도 없습니다.

제2 행성인 금성에는 이산화탄소의 두꺼운 대기가 있고,

그 밑으로는 황산 비가 내립니다. 상공에는 슈퍼 로테이션 (Super-Rotation)이라고 불리는 맹렬한 폭풍이 불고 있습니다.

지구의 외측을 도는 제4 행성인 화성은 평균 기온이 영하 60도입니다. 얇은 대기에 산소는 적고 대부분 이산화탄소입니다. 화성에는 원시적인 생물이라면 살 수도 있다고 생각되어 탐사를 계속하고 있지만, 우리 인간이 안전하게 살기 위해서는 상당한 연구가 필요할 것 같습니다.

이렇게 보면, 지구와 가까운 행성이라도 우리가 살기에는 꽤 힘든 환경이라는 것을 느낄 수 있을 것입니다.

우주에서 생물이 살 수 있는 곳을 '생명 가능 지대(Habitable Zone)'라고 하는데, 태양계에서 생명 가능 지대가 있는 행성은 지구뿐입니다. 지구 내측의 금성도, 외측의 화성도, 태양에 가까운 수성도 생명 가능 지대 밖에 있습니다.*

생물에게 적당한 거리의 범위는 결코 넓지 않습니다.

---

* 지구는 태양에서 대략 1억 5,000만km의 거리에 있는데 이 거리를 '1천문단위(天文單位, astronomical unit)'라고 하며, 'AU'로 표기합니다. 태양계에서는 천문단위가 비교하기 쉽고 편리합니다. 수성은 0.4AU, 금성은 0.7AU, 화성은 1.5AU를 공전하고 있습니다. 태양계의 생명 가능 지대는 약 0.97~1.4AU로, 수성도 금성도 화성도 그 밖에 있습니다.

게다가 지구가 적당한 리듬과 안정된 자세로 도는 것도 지구 생명에 있어서 중요한 포인트입니다.

이것은 달 덕분입니다. 달이 없으면, 지구의 자전축(지축)이 크게 흔들리게 됩니다. 안정적인 자전을 하지 않으면 지구의 기후는 심하게 변하고, 애초에 생물도 태어나지 않았을 가능성이 있습니다.

태양의 적당함, 지구의 적당함, 달의 어시스트, 몇 가지의 절묘한 행운에 힘입어, 지금 당신은 거기에서 책을 읽을 수 있는 것입니다.

지구와 인간의 운명

지금은 안정적으로 빛나는 태양도 언젠가는 할아버지, 할머니 별이 됩니다.

태양은 오늘도 동쪽에서 떠서 서쪽으로 지지만, 내일의 태양은 오늘보다 하루 더 나이가 드는 것입니다.

별은 가지고 태어난 수소 연료가 떨어지면, 균형을 잡으려고 부풀기 시작합니다. 이 시기의 별을 적색거성(赤色巨星, red giant star)이라고 합니다. 태양도 연료가 고갈되면 점점 더 부풀어서, 머지않아 가장 가까이 도는 수성을 삼키고, 다음으로 금성, 그리고 제3 행성인 지금의 지구 근처까지 점점 거대화될 것입니다.

부풀어 오르면 마지막에 잔해가 남습니다. 잔해는 한동안 남은 열로 빛나지만, 차갑기만 한 천체가 됩니다. 이 시기의 별을 백색왜성(白色矮星, white dwarf)이라고 합니다.

태양이 지구를 삼킬지 아닐지는 아직 모릅니다. 하지만 삼키지 않더라도 태양이 부풀어 올라 지구와 가까워진다면, 어쨌든 지구는 빠짝 말라버릴 것입니다.

태양과 함께 태어난 지구는 태양과 운명을 함께하는 것입니다.

그 이후의 세계에서는 우주공간 주변에 있던 푸른 구체의 모습도, 그 위의 물도, 공기, 식물, 동물도 우리가 만든 이런 문명의 증거도, 우주 속으로 사라지겠지요.

우리가 사는 이 대지에도 이런 최후의 날이 찾아옵니다.

만약 먼 우주에서 여행해 온 외계인이 지나간다면, 그 옛날 이 주변에 이렇게 아름다운 풍경이 있었다는 것과 많은 생물이 있었다는 것, 그중 우주를 신비롭게 생각했던 지적 생명체가 있었다는 것을 알아줄까요?

이것은 수십억 년 후에 반드시 다가올, 미래 태양계의 모습입니다.

외계인을 찾아서

방향을 좀 바꿔서 '외계인 찾기'로 미래를 들여다보겠습니다.

당신은 외계인이 있다고 생각합니까?

외계인은 어떤 모습일까요?

지구 생물과 비슷할까요?

무엇을 먹을까요?

착할까요?

어느 별에 살고, 어떤 일상을 보내고 있을까요?

무엇보다 우리를 공격하거나 그러지는 않을까요?

우주 관련 일을 하다 보면, 외계인에 관한 질문을 많이 받습니다. 다들 흥미진진하고 궁금하시죠? 나도 그렇습니다.

사실, 천문학자들은 아주 진지하게 외계인을 찾고 있습니다.

예를 들어, SETI(Search for Extra-Terrestrial Intelligence, 외계 지적 생명체 탐사)에서는 전파를 사용한 관측으로 지구 외 문명으로부터 지적인 시그널을 찾고 있습니다. 또 일본 국립천문대의 아스트로 바이올로지 센터에서는 우주의 생명을 여러 학문 분야에서 연구하고 있습니다.

화성에 문어 같은 생물이 존재하지 않는다는 것을 알았을 때, 당시의 천문 팬들은 매우 아쉬워했다고 합니다. 그렇지만 그 후에 아주 옛날의 화성에는 액체인 물이 많이 있었던 것 같다(지금도 있을지도 모른다)는 것을 알게 되었습니다. 그렇다는 것은 옛날 화성에는 역시 생물이 있었던 것일까요?

지금도 조사가 진행되고 있습니다. 어쩌면 조만간 원시적인 생물이나 그들이 살았던 증거를 찾을지도 모릅니다. 찾는다면 대발견이겠네요.

만약, 그 생명체와 지구 생물의 조상이 같다고 한다면 더욱 경악하겠네요. 지구 생명은 사실 화성에서 왔을 수도 있습니다.

그렇게 되면, 그 화성의 생명은 언제 어디에서 온 것일까요?

당신의 진짜 고향은 도대체 우주 어디일까요?

상상이 멈추질 않네요.

태양계에는 생명체가 있을지 모른다고 생각하며 조사하고 있는 천체가 몇 개 더 있습니다.

가까운 미래, 비교적 가까운 천체(가깝다고 해도 우주선으로 몇 년, 몇십 년은 걸리지만)에서 작은 생명체가 발견되었다는 빅뉴스가 나올지도 모르겠네요.

외계인 찾기로 엿보는 미래

태양계 밖은 어떨까요?

우주 어딘가에 생명체가 살 수 있는 곳이 있을까요?

태양계 밖에 있는 항성에도 그 주위를 맴도는 행성이 많이 있습니다.

태양 이외의 항성 주위를 도는 행성을 계외행성(系外行星)이라고 합니다.

참고로 계외행성이 처음 발견된 것은 1995년입니다. 2019년 노벨 물리학상은 이 계외행성 발견에 대해 수여했습니다.

최근에는 관측 기술이 진보하여 차례차례 계외행성이 발견되고 있습니다.* 계외행성 중에는 액체인 물이 있을지도 모르는 천체도 발견되었습니다. 즉 생명 가능 지대가 있을 것 같은 행성입니다.

천문학자나 우주물리학자의 대다수는 우주에는 분명 생명체가 있을 것으로 생각하는데, 그냥 무작정 찾는 것은 아닙니다.

예를 들어, 외계인의 수를 계산하는 데 사용하는 '드레이크 방정식(Drake equation)'이 있습니다. SETI의 설립자이자 미국의 천문학자인 프랭크 드레이크(Frank Drake)가 고안한 것으로 천문학 교과서에 실려 있는 유명한 방정식입니다.

이것은 '우리 은하계에 문명이 얼마나 있는가'를 찾아내는 것으로, 7개의 숫자를 곱하는 간단한 식입니다.

$$N = R \times f_p \times n_e \times f_l \times f_i \times f_c \times L$$

---

* http://exoplanet.eu/에 자세한 내용이 정리되어 있습니다. 2022년 2월 시점에서 5,000개 가까이 등록되어 있습니다.

예를 들어, 계산에 사용하는 수는 다음과 같습니다.

'은하계에 1년 동안 탄생하는 항성의 수'

'그중 행성을 가지고 있을 확률'

'생명을 가진 행성 중에 생명체가 살 수 있는 행성의 수'

이와 같이 우주에서 일어날 수 있는 일들을 계산하는 수입니다.

하지만 어느 것도 명확하게는 알 수 없기 때문에, 어떤 가정의 임의의 수를 사용하느냐에 따라 답은 '하나도 없다'부터 '셀 수 없이 많다'까지 다양합니다.

곱셈 계산 중에서 마지막 일곱 번째 수는 유일하게 우리가 컨트롤할 수 있는 것으로, 생각해 볼 수 있는 것입니다.

일곱 번째는 '문명이 통신기술을 가진 기간'입니다.

다시 말하면, '당신의 문명은, 앞으로 몇 년 더 지속될 수 있습니까?'라는 것입니다.

큰 숫자가 들어가면, 우리 문명은 당분간 안정적이라는 것입니다. 큰 숫자를 곱하기 때문에 결과적으로 은하계에는 문명이 많은 것입니다.

당신은 몇 년 정도라고 생각하십니까?

참고로 인류는 통신기술을 가진 지 아직 100년 남짓입니다. 전파를 이용하기 시작한 것이 19세기 말입니다.

즉 오늘 시점으로 일곱 번째의 숫자에 '적어도 100이 들어간다'는 것을 알고 있습니다. 1,000년인지 1만 년인지 아니면 기껏해야 100년이 조금 넘을 것인지… 아무도 답을 모릅니다. 하지만 그 숫자를 확실히 알게 되는 때가 우리 문명의 마지막일 테니, 별로 알고 싶지는 않네요.

연구자 중에는 아직까지 외계인과 접촉하지 못하고 있기 때문에 상대의 문명, 즉 고도의 문명 자체가 오래가지 못할 것이라고 걱정하는 사람도 있습니다.* 고도의 문명은 그에 상응하는 이성이 자라지 않으면, 자신들의 기술이나 자부심을 잃는 어리석은 행동으로 자멸해 버릴 위험성이 있는 것입니다.

머지않아 반드시 다가올 천체의 운명인 최후.
그 전에 일어날지도 모르는 문명의 붕괴.
궁극의 끝을 과학적으로 냉정하게 생각하는 것은 자신들

---

* 서로 너무 멀리 떨어져 있어서 접촉이 안 된다는 생각도 있습니다.

의 존재에 자부심을 갖는 것이기도 하고, 지금 있는 것을 다시 파악하는 기회이기도 합니다.

그것은 우리 일상에는 덧없고, 재미있고, 아주 소중한 것이 넘쳐나고 있다는 것을 깨닫는 아주 좋은 계기이기도 합니다.

별에서 온 그대

'코끼리 아저씨', '1학년이 되면'이라는 동요를 아는 사람이 많을 겁니다.

어렸을 때 불러 보았거나, 누군가에게 불러 주었을 겁니다. 노래하다 보면 쉬운 가사에 빗대어, 코끼리 부자나 커다란 책가방을 멘 1학년생의 모습이 머리에 떠오릅니다.

동요의 가사는 시인 마도 미치오의 작품입니다.

마도의 시 중에 '이쑤시개'라는 신기한 작품이 있습니다.

'이쑤시개'는 편의점 숟가락에 붙어 있거나, 음식점 테이블에 놓여 있는 길이 5cm 정도의 가늘고 작은 나무 막대기입니다.

마도는 이쑤시개를 보며, 너는 어디서 자랐을까? 어떤 나무의 어느 부분이었을까? 생각합니다.

아무리 쳐다봐도 이쑤시개는 대답해 주지 않습니다.

그런데 마도는 갑자기 깨달았습니다. 조용한 이쑤시개가 먼 곳의 무언가를 보고 있다는 것을.

예전에 와카야마 대학의 도미타 아키히코 선생님이 에피소드를 들려주신 적이 있습니다. 선생님은 오래 세월 천문교육에 열정을 쏟으신 소탈하고 장난기 많은 분입니다.

강연회에서 "사람은 죽으면 별이 됩니까?" 하는 질문을 받았습니다. 순간적으로 "별이 죽으면 사람이 됩니다"라고 답했습니다. 이때 정말 웃겼어요 (웃음).

선생님은 이렇게 덧붙였습니다.

그런데 생각해 보니, 이것은 현대 천문학의 하나의 큰 결론인 것 같습니다.

마도가 이쑤시개에서 본 것은 무엇이었을까요?

도미타 선생이 말한 '별이 죽으면 사람이 된다'는 것은 무슨 말일까요?

다시 한번 우주의 역사를 되돌아보면서 생각해 봅시다(이 장에서도 '별'은 항성을 말합니다).

우주에는 시작이 있고, 그것은 지금으로부터 138억 년 전의 일이라는 것을 알았습니다.

갓 태어난 우주는 얇은 가스만 있는 어두운 세계였습니다. 가스는 대부분 수소이고, 나머지는 헬륨과 아주 조금의 리튬입니다.

가스가 조금 진한 곳과 연한 곳이 있고, 진한 곳에는 가스가 더 모여 마침내 최초의 별이 태어납니다.

별의 중심에서 핵융합이 시작되면 별은 어엿한 별로서 빛납니다.

이렇게 어두웠던 우주에 빛이 켜졌습니다.

최초의 별은 단명하여, 순식간에 대폭발하여 우주로 사라져 버렸습니다.

하지만 흔적도 없이 사라진 것은 아니었습니다.

별은 빛나는 동안에 우주의 처음에는 없었던 탄소나 산소, 그보다 무거운 원소를 그 안에서 만들어 냈습니다. 대폭발할 때, 별은 자신의 모습과 교환하여 감싸고 있던 무거운 원소를 우주공간에 남기고 사라졌습니다.

남겨진 별의 가루들은 단순한 가스뿐이었던 어두운 우주를 버라이어티한 세계로 바꾸기 시작했습니다.

그것들은 우주공간을 오랜 시간 떠돌며 수소나 헬륨과 섞여서, 다음 세대의 별로서 다시 태어났습니다. 이번에는 무거운 원소를 조금 머금은 별입니다.

그 별도 빛나는 동안 무거운 원소를 만들고, 이윽고 다시 우주로 돌아갑니다.

마치 윤회와 같은 별의 삶과 죽음이 반복되면서 우주에는 무거운 원소가 늘어갑니다. 그렇게 지구와 같은 바위 행성들도 준비되어 간 것입니다.

이 큰 흐름을 타고, 어느 때, 우주 어느 장소에서, 예전에 별이었던 성분에서 태양계가 탄생했습니다.

태양계 안에서 태양은 단연코 크고, 전체의 99.9%가 태양의 무게입니다.

나머지 0.1% 태양이 되지 않은 별똥구리는 행성이 되거나 위성이 되고, 소행성이 되었습니다.

태양계가 탄생하고 나서 수 억 년이 지났을 무렵, 세 번째 궤도를 도는 행성인 지구에 생명이 나타났습니다. 그 생명들의 몸을 만든 성분 또한 과거에 사라졌던 별들 속에 있었던 것입니다.

지구상의 환경은 몇 번이나 완전히 바뀌고, 그때마다 생명은 많이 바뀌었습니다. 환경과 맞는 것은 살아남고, 맞지 않는 것은 사라지고, 그런 일이 몇 번이나 반복되면서 생명은 모습을 바꾸어 계속되었습니다.

이 장대한 흐름 속에서 태양계 탄생부터 46억 년이 지난 지금, 한 손에는 책을 들고 우주를 상상하고 있는 당신이 있습니다.

별이 죽으면 사람이 된다?

현재, 인간 혼자 길게는 100년 정도의 시간을 가집니다.

사람의 몸은 지구에서 주어진 산소와 탄소, 칼슘, 철 등의 재료가 모여 생명체로 기능하고, 생명이 있는 동안 몸속의 물질은 바뀌어 갑니다.

사람이나 사회나 자연과 어울리면서 호흡이나 발한, 식사, 배설을 통해서 지구로 돌아가거나 지구로부터 받거나하는 것입니다.

넓은 우주의 이 장소에서, 우주의 시간인 이때, 우리는 생명을 가지고, 천체가 만드는 절묘한 균형과 알려지지 않은 사라진 지구 생명들의 이야기를 짊어지고, 올려다보는 바로 그 세계와 상호작용하고 있습니다.

지구가 100번 정도 도는 동안에 당신도 나도 생물로서의 죽음을 맞이합니다.

그 순간이 오면 우리 몸은 작게 분해되어 지구로 돌아갑니다.

'나'였던 미립자들은 아마 지상 부근을 다른 형태로 이쪽저쪽으로 왔다 갔다 하겠죠. 반대로 조금 전까지 내 몸이었던 일부는 어쩌면 1억 년 전에는 공룡의 일부였을지도 모릅니다.

지구에서의 생명의 상호작용은 태양의 수명과 함께 끝납니다.* 지구도 우주로 돌아갈 날이 오는 것입니다.

　그때 우리였던 하나하나도 마침내 진정한 의미로 우주로 돌아가고, 태양계였던 것들과 함께 다음의 새로운 별이나 행성으로 거듭나는 여행을 떠나겠지요.

　결국, 모두 별똥구리들입니다.**

　당신도, 나도, 동식물도, 산도, 강도, 계곡도 예전 수십억 년 전에는 별이었습니다.

　지금은 우주의 이곳에서 아주 한때 별의 파편들이 두껍게 모여 있다가, 언젠가 다시 주위에 섞일 때까지, '당신'이나 '나'나 '동식물'이나 '산' '강' '계곡'으로 형태를 갖는 것입니다.

　서두의 '이쑤시개'는 이렇게 계속됩니다.

---

* 태양의 거대화 전에 대기나 바다가 생물에게 파괴적인 변동을 일으킬 가능성도 있다고 알려져 있습니다.

** 칼 세이건 박사가 남긴 말에 "We are made of star-stuff."라는 표현이 있습니다. 또한, 국제천문연맹이 작성한 Big Ideas in Astronomy에서는 "We are all made of stardust."(우리는 모두 별이 남긴 먼지다)라는 장을 마련했습니다.

겨우 다다랐다

비로소 지금

이 세상 살아가는 모든 것들이

그곳으로 돌아간다

고향으로…

그리고 다시 살아가고 있다

진정한 나로

유유히 그리고 느긋하게

끝이 없는 별의 시간을

별의 생각대로 끝없이[*]

도미타 선생이 '별이 죽으면 사람이 된다'고 말한 것도, 마도 미치오가 '이쑤시개'의 끝에서 본 것도, 별이 태어나 죽고, 대지가 되고, 거기에 생명이 있다는 것, 물건이 있다는 것, 물질의 큰 흐름과 아득히 먼 시간 속에서 우리가 지금 여기에서 만나고 있는 것에 대한 놀라움과 기쁨과 경외

---

[*] 「속편 마도 미치오 전집」 이토 에이지 · 이치카와 노리코 편집 리론샤

였습니다.

　오늘 밤 당신이 보는 별의 빛은 언젠가 누군가였을지도 모르고, 미래의 누군가일지도 모릅니다. 하늘을 올려다보며 생각에 잠기는 것은 그곳이 우리의 진짜 고향이고, 언젠가 돌아갈 장소이기 때문은 아닐까요?

수직 방향으로의
여행

현실과 공상의
달 여행

하늘에 둥둥 떠 있는 달은 38만km 떨어져 있습니다.

지구 지름의 30배 거리입니다.

언젠가는 아주 먼 그곳에 가 보고 싶다고 인간은 오랫동안 생각해 왔습니다.

만약, 당신이 달 여행을 간다면….

2주간의 휴가를 내고, 간단하고 가볍게, 물론 안전은 보장되어 있습니다. 누구와 어떤 여행을 하고 싶으신가요?

가족과? 친구와? 애인과? 혼자도 꽤 멋지겠네요.

예전 우주비행사들이 걸었던 달 표면에 도착하면, 우선

그곳에서 지구를 바라보며 기념사진 한 장 어때세요?

달의 뒷면은 지구에서는 볼 수 없습니다. 달은 언제나 같은 면을 지구에게 보여 주기 때문입니다. 이왕이면 뒤쪽까지 가 보는 것도 좋을 것 같습니다.

깡충깡충 달 표면을 가볍게 날아다니며, 지구의 6분의 1 정도의 중력을 마음껏 즐기는 놀이기구도 재미있을 것 같습니다. 여행 기념품은 뭐로 할까요?

나는 남편과 함께 가고 싶습니다. 그리고 맛있는 술(맥주가 좋을까요?)을 가지고, 가능하다면 작은 생물을 데리고 가겠습니다. 작은 파트너는 함께 살고 있는 햄스터입니다.

얌전히 손에 올라타 있을지는 모르겠지만, 고향인 푸른 행성을 함께 바라보며, 우주에 타이밍 좋게 태어나 만난 우리의 우연을 남편과 햄스터와 함께 기뻐하고 싶습니다.

우리는 맥주로 축배를 들고, 햄스터는 제일 좋아하는 양배추로 하고요.

기념품은 작은 병에 담은 달의 모래입니다.

멋진 체험이 될 것 같습니다.

인간이 처음 달에 발을 디딘 것은 1969년의 일입니다. 실

시간으로 그 순간을 보신 분이 있을지도 모르겠습니다. 달은 인류가 지구 이외에 발을 디딘 유일한 천체입니다.

1969년 7월, 3명의 우주비행사와 아폴로 11호를 실은 새턴-V라는 로켓이 미합중국 케네디 우주센터에서 날아올랐습니다.

달의 착륙 지점은 '고요의 바다'라는 곳입니다. 토끼 모양이라고 생각하면 '이마' 근처입니다.

"이것은 한 인간에게는 작은 발걸음이지만,
인류에게는 거대한 도약이다"*

처음 달에 내린 암스트롱의 이 말은 명언으로 전해지고 있습니다.

착륙 장면은 텔레비전과 라디오로 생중계되었습니다.

세계 인구의 5명 중 1명, 6억 명 이상이 그 순간을 공유했다고 합니다. 일본에서도 3명 중 2명이 봤다는 보고도 있습니다.

---

* 원문은 "That's one small step for a man, one giant leap for mankind."

그 정도로 전 세계인의 시선을 모은 사건이란 말이지요.

당시는 초강대국이 핵무기를 내세우며 서로 대치하던 냉전 시대였습니다.

한편, 아폴로 11호가 달 표면에 내린 달 착륙 사다리 부분에는 다음과 같은 판자가 부착되어 있습니다.

'지구에서 온 인류가 이곳에 처음 발자국을 남긴다. 서기 1969년 7월. 우리는 전 인류를 위해 평화롭게 왔다.'*

어두운 시대 배경과는 달리, 종교, 사상, 민족, 성별, 우리의 복잡하게 얽힌 벽을 훌쩍 넘어, 온 세상이 '인류는 대단해!'라고 하나 되어 매우 기뻐했던 것입니다.

이렇게 많은 사람이 동시에 함께 기뻐하는 순간을 본 적이 없습니다.

그때부터 반세기가 지난 요즘, 달에 대한 관심이 다시 높

---

* 원문은 "Here men from the planet Earth first set foot upon the moon. July 1969, A.D. We came in peace for all mankind."

아지고 있습니다.

그만큼 달은 매력 있는 천체입니다.

달 여행에 관한 사업은 분명 인기가 있을 것입니다.

과학적인 흥미도 아직 많이 있습니다. 달을 아는 것은 비슷한 시기에 탄생한 지구의 성장, 즉 당신이 태어난 뿌리에 다가서는 것이기도 합니다.

물이나 금속 등의 달의 자원도 지구의 자원을 사용해 온 인간에게는 놓칠 수 없는 포인트입니다.

인간은 10만 년 전 아프리카를 떠나 수평으로 뻗어 나가 지구 전체로 퍼졌고, 이번에는 수직 방향인 우주로 나가는 중입니다. 그를 위한 규칙 마련은 좀 서둘러야 합니다.

아폴로를 달로 보낸 새턴-V 로켓은 지상에서 열광하는 사람들에게는 미국이라는 강대국의 자부심 그 자체였습니다.

물론, 우주에서 보면 먼지처럼 작은 쇳덩이가 우주공간으로 깡충 튀어나왔을 뿐입니다. 인간은 그보다 더 작고 연약한 생물입니다.

하지만 기억해 봅시다.

달의 크기 비교에서 사용한 축소된 작은 세계를 다시 생각해 본다면, 지구본 위의 극소 미생물이 지혜를 모아서 로켓을 만들고, 9m 거리의 야구공 한 점을 겨냥해서 날아가고, 게다가 무사히 돌아오기까지 한 것입니다. 여행 도중에 발생하는 한 번 실수는 곧 죽음으로 이어집니다.

미세한 지적 생명체는 실로 큰일을 해낸 것입니다.

물론, 이런 대단한 일이 갑자기 된 것은 아닙니다.

한 인간에게는 길어봤자 100년 정도의 시간밖에 없지만, 인간은 지혜와 연구를 이어갈 수 있는 생물입니다.

테스트하고 → 기록을 남기고 → 개선하고 → 다시 테스트하고….

혼자만의 시간으로는 어렵더라도, 이렇게 다음 세대로 지혜와 탐구를 이어가는 것은 지구상에서 오직 인간뿐입니다. 이렇게 연약한 생물이 연구의 릴레이 끝에 지금과 우주의 시작과 도저히 갈 수도 없는 먼 우주까지 상상하고 있습니다.

당신은 정말 대단한 능력을 발휘하는 생물의 일원인 것입니다.

인간의 능력은 사용하기 나름

인간이 고도의 지적 생명체인 만큼 걱정이 되는 부분도 있습니다.

'듀얼 유즈(Dual Use)'라는 말을 들어보셨나요? '듀얼 유즈'는 일상(민생)과 군사, 어디나 사용할 수 있는 기술을 말합니다. 특히, 로켓 등의 우주 기술은 군사 기술과 깊은 연관이 있고 그래서 아폴로 계획이 속속 진행되었다는 속사정도 있었습니다.

평소 사용하는 일용품, 예를 들어 스마트폰이나 컴퓨터, 자동차도 듀얼 유즈인 점이 있습니다.

예를 들어, GPS는 내비게이션이나 게임, 어린이나 노인을 돌보는 데도 사용되고 있지만, 원래는 군사용으로 개발된 기술이었습니다.

컴퓨터의 부품도 무기의 일부로 만들 수 있고, 휴대전화의 통신기술이나 자동차 등도 테러나 폭동 같은 파괴 행위에 악용할 수 있습니다.

좀 더 가까운 예로 생각해 봅시다.

당신이 사람들과 사이좋게 잘 지낸다면 그것은 스파이의 능력으로 활용될 수 있습니다. 정리 정돈을 잘하면 무기를 잘 정리하는 능력도 됩니다. 부엌칼, 문구점의 가위나 커터칼도 잘못 사용하면 흉기가 되죠.

즉 일상생활의 도구나 능력, 더 말하자면 사고방식조차도 모든 것이 듀얼 유즈라고 할 수 있습니다.

인간은 지금도 '손에 있는 것을 어떻게 사용할 것인가'를 시험받고 있습니다.

최첨단 과학이나 기술도 마찬가지입니다.

인간은 과학 지식의 대가로, 핵무기나 생물병기 등 스스로를 우주에서 지워버릴 힘까지 갖게 되었습니다.

인생이 자기 나름의 이야기이기 위해서라도 우리는 과학이나 기술을 향상시키면서, 한편으로는 그에 걸맞은 '멈추는 힘'이나 '생각하는 힘'을 개개인이 어떻게 단련해 나가느냐 하는 것이 중요하고 시급합니다.

당신도 나도 과학이나 기술, 그 지식이나 편리한 제품을 어떻게 사용해야 하는지, 지금이 바로 능력을 보여 줄 때입니다. 그 성과는 우리의 일상의 끝에 보일 것입니다.

자, 이야기를 달 여행으로 되돌아갑시다.

부담 없는 달 여행이 현실이 되는 날은 그리 먼 미래는 아닌 것 같습니다.

그렇다고는 해도 남편과 달에서 축배를 드는 것은 아무래도 좀 무리가 있을지도 모르겠네요.

그렇다면 미래의 누군가에게 소박하고 즐거운 달 여행의 시대를 이어가려면 어떤 재미있는 방법이 있을까요?

나이가 많아도 열심히 먹고 이 행성에서 살아 보려고 하는 햄스터에게 먹이를 주면서, 나는 오늘도 하늘을 올려다보며 상상의 여행을 떠납니다.

상상이라면 지구 어디라도 언제라도 갈 수 있습니다.

당신도 함께하시겠습니까?

마음으로 떠나는
우주여행

태양계 밖으로의 여행

아이가 어렸을 때, 내 손을 놓고 걷기 시작했던 날이 지금도 생각납니다.

너무 걱정돼서 금방이라도 아이에게 손을 뻗으려고 했던 기억이 납니다.

그것은 아이에게 하나의 세상이 펼쳐진 순간이었고, 누구든 분명 그렇게 성장해 왔을 것입니다.

아이들은 바깥세상을 알고 싶어서 두근거리는 설렘으로 조금은 무서워 떨기도 하면서 어른의 손을 놓고 뛰쳐나갑니다.

어느 날 인생 선배가 커피를 앞에 두고 팔짱을 끼며 말했습니다.

"별하늘 관측, 우주탐사, 우주개발…. 왜 사람들은 이렇게 우주에 집착하는 것일까?"

나도 똑 부러지는 좋은 답을 가지고 있지는 않았습니다.

식어가는 커피를 손에 들고 함께 고개를 갸웃거리며, 문득 어린아이의 모습이 머리에 떠올랐습니다. 사람이 우주에 마음을 빼앗기는 것은 어린아이가 부모의 팔을 놓고 나가고 싶어 하는 것과 정말 비슷할 수도 있겠구나, 하는 생각이 들었습니다.*

인간은 오랜 세월 내가 사는 곳이야말로 세상의 전부이고 중심이라고 생각해 왔습니다. 그리고 모험가들이 여행을 떠날 때마다 바깥세상에도 산과 강이 있고 그만큼 세상은 더 넓다는 것, 내가 알고 있던 것은 작은 세상이었다는 것을 배웠습니다.

---

* 러시아 과학자 치올콥스키(Konstantin Eduardovich Tsiolkovsky)는 '지구는 인류의 요람이다. 그러나 인류는 언제까지나 요람에 머물러 있지는 않을 것이다'라는 말을 남겼습니다.

오늘날에는 우리가 엄청나게 넓은 우주공간에 떠 있는 행성 위에 있다는 것을 많은 사람이 알게 되었습니다.

다시 한번 상상의 여행을 떠나 봅시다.

이번에는 지구를 출발하여 우리가 아는 한 우주의 끝으로 향합니다.

가장 먼저 보이는 것은 지구와 가장 가까운 천체인 달입니다.

달을 발견하면, 뭔가 안심이 되거나 기분이 좋아지는 사람도 많을 것입니다.

크기는 지구의 4분의 1 정도로, 지구 지름의 30배 정도 떨어진 우주공간에 떠 있습니다. 사람들이 오래전부터 가깝게 지내 온 천체인데, 다른 행성의 위성과 비교하면 이상하게 큰 위성입니다.

다음으로 지구와 가장 가까운 항성인 태양 옆을 지나가 봅시다.

태양의 크기는 지구의 100배 정도입니다. 지구 지름의 1만 배 정도의 거리에 떠 있으면서, 지구의 낮을 쨍쨍 비추고 있습니다.

지상에 있는 우리는 태양이 지고 어둠이 오면서, 하늘은 별이 뜨는 세계라는 것을 알게 되었습니다.

인간은 달이 차고 기울며 한 바퀴 도는 시간을 한 달, 태양이 별자리 속을 한 바퀴 도는 시간을 일 년으로 정했습니다.

이번에는 태양계를 살펴봅시다.

수, 금, 지, 화, 목, 토, 천, 해, 태양계의 8개 행성 중 태양에서 가장 먼 곳을 도는 행성은 해왕성입니다. 해왕성은 얼음 행성입니다. 아득히 먼, 태양과 지구의 거리의 30배 (30AU)인 곳에서 태양을 한 바퀴 도는 데 165년 걸쳐서 돌고 있습니다.

태양계에는 행성 외에도 명왕성과 같은 준행성, 행성 주위를 도는 위성, 바위와 같은 무수한 소행성, 가끔 태양에 다가와서 긴 꼬리를 당기는 혜성(꼬리별) 등 여러 천체가 태양의 인력에 이끌려서 모여 있습니다.

태양계는 해왕성으로 끝나는 것이 아닙니다.

태양풍(太陽風, Solar Wind)이라는 태양에서 뿜어 나오는 뜨거운 입자(플라스마, Plasma)는 해왕성까지의 거리보다 4배 정도 멀리까지 닿고, 태양의 중력은 수천 배 더 멀리까지 영향을 줍니다.

태양계의 끝은 어디까지라고 분명하게 선을 그을 수 있는 것은 아닙니다.

하지만 멀리 떨어진 태양계 가장자리에서 안쪽을 바라보면 태양은 더 이상 당신이 알고 있는 번쩍이는 모습이 아닙니다. 지구는 더 작고 어둡고, 찾기도 어려울 것입니다.

더 멀리 가 봅시다. 뭐가 있을까요?

여기서부터 먼 거리는 '광년'이 편리합니다. 태양계 안의 거리는 '천문단위(AU)'가 사용하기 쉬웠지만, 그렇게 하면 숫자가 너무 커져 버립니다. 1광년은 대략 6만 AU(10조 km)입니다.

태양 옆의 항성에는 '프록시마 켄타우리(Proxima Centauri)'이라는 이름이 붙어 있습니다.

태양계에서는 약 4광년 거리에 있습니다. 멀고 어두워서 지구에서 육안으로 볼 수 없지만, 최근의 관측에서는 이 별을 도는 지구 크기의 계외행성이 발견되었습니다.

여기까지 와서 다시 고향을 바라보면, 태양은 이미 다른 별에 섞여 특별히 눈에 띄지 않는 별일 것입니다.

별자리를 만드는 별들은 우주공간의 여기저기에 떠 있습니다.

예를 들어, 칠월 칠석의 직녀성(거문고자리에 있는 베가라는 항성)은 태양계에서 25광년 거리에 있습니다.

견우성(독수리자리의 알타이르)은 17광년 거리입니다.

직녀성과 견우성도 우주공간에서 서로 15광년 떨어져 있습니다. 그렇다는 것은 만약 두 사람이 휴대전화로 통화를 한다면 '여보세요' '있잖아' '왜' '그러니까'가 각각 15년 걸려서 상대에게 들린다는 이야기입니다.

별자리는 지구에서 보이는 별들의 행렬입니다. 그 때문에 우주의 다른 장소에서 본다면 또 전혀 다른 모습이 됩니다.

당신이 어렸을 때 발견한 별들은 오늘 밤에도 같은 모습으로 빛나고 있습니다.

하지만 사실 모든 별은 자연의 법칙에 따라 우주공간을 이동하고 있습니다. 그래서 지구에서 볼 수 있는 장소도, 당신의 눈으로는 알 수 없을 정도로 조금씩 움직이고 있습니다('고유운동'이라고 합니다).

헤이안 시대(794년~1192년) 작가 세이 쇼나곤은 『베갯머리 서책(枕草子)』에서 '별은 묘성* 견우성…'이라 쓰며 밤하늘의 별들을 사랑했습니다. 우리는 지금 1,000년 전의 그녀와 거의 같은 별들을 바라보고 있습니다.

한편 수만 년 전, 동굴에 멋진 그림을 그렸던 크로마뇽인들이나 혹은 더 옛날 조상들은 지금과는 조금 다른 별을 올려다보았을 것입니다.

그리고 먼 미래의 우리 후손들이 하늘을 보는 생물이라면, 그들 또한 완전히 달라진 밤하늘을 즐길 것입니다.

밤하늘도 항상 변화하는 세계입니다.

---

* 이십팔수의 열여덟째 별자리의 별들_옮긴이 주

은하계로의 여행

사람은 마음의 세계를 넓히는 생물입니다.

20대 때 나는 어쩌다가 번화가에서 야간 아르바이트를 했었습니다. 점장과 부점장 두 명의 여성이 운영하는 작은 바였습니다.

둘 다 학력이 뭐가 중요하냐고 웃어넘기면서도 카운터에는 항상 어학사전이 있었고, 손님들과의 대화 주제는 우주에서 동성애, 사회 정세까지 이것저것 다루던, 재미있는 곳이었습니다.

점장은 초등학생 남자아이를 혼자 키우는 미혼모였습니

이 세계적인 뉴스를 기억하는 사람이 많은지 모르겠습니다.

블랙홀은 빛을 내지 않기 때문에 직접 볼 수는 없지만, 주위의 빛이 빛나고 블랙홀이 그림자처럼 떠오른 모습을 포착한 것입니다.

국제적 팀이 연합하여 계획, 관측, 해석하고 5,500만 광년 거리에 있는 M87이라는 은하의 중심에 블랙홀이 정말로 있었다고 하는 빅뉴스였습니다.

블랙홀로 보이지 않을 뿐, 실은 많이 존재하는 것 같습니다.

대부분 은하의 중심에는 태양 무게의 100만 배에서 10억 배(혹은 그 이상)나 되는 거대한 블랙홀이 있다고 생각됩니다. 아마 우리 은하계에도 태양 무게의 400만 배 정도의 블랙홀이 있는 것 같습니다.

은하를 더 자세히 조사해 보면, 그 밖에도 신기한 것이 있었습니다.

우주에는 보이지 않지만 무거운 '무엇'이 많이 있다는 것입니다. '무엇'은 아직 정체를 알 수 없습니다. 잘 모르기 때문에 '암흑물질(暗黑物質, dark matter)'이라고 불립니다.

암흑물질의 후보는 몇 가지 있습니다.

예를 들어, 어둡고 찾기 어려운 천체나 블랙홀, 아직 인류가 모르는, 찾지 못한 소립자(더 이상 작게 할 수 없는 입자) 등입니다.

전 세계 연구가들이 밤낮으로 이 수수께끼에 도전하고 있습니다.

미지로의 여행

'우리의 은하계가 우주'라고 생각한 시기도 있었습니다.

하지만 10만 광년에 달하는 은하계도 우주의 전부는 아니었습니다.

우주는 더 멀리까지 열려 있었고, 은하계 밖에도 무수한 은하가 떠 있는 깊은 우주공간이 펼쳐져 있었습니다.

은하계 가까이, 20만 광년 근처에는 대마젤란운이나 소마젤란운이라는 소형 은하가 있습니다. 둘 다 남반구에서 흐릿한 큰 빛의 구름처럼 보입니다.

대형 은하 중에서 은하계와 가장 가까운 것은 250만 광년 정도 거리에 있는 안드로메다은하(M31)입니다.

안드로메다은하는 훌륭하고 아름다운 소용돌이를 가진 은하입니다. 시력이 좋다면 육안으로 연한 작은 빛을 찾을 수 있을 것입니다.

이 안드로메다은하와 우리 은하계는 서로 가까워지고 있어 수십억 년 후에는 합체하지 않을까 생각됩니다. 은하들도 넓은 우주 속을 이동하고 있습니다.

이 밖에도 우주공간에는 무수한 은하가 떠 있고, 100억 광년의 저편에도 은하가 발견되고 있습니다.

그렇지만 그 은하가 지금도 그 장소에서 건재한지는 아무도 모릅니다. 왜냐하면, 지금 우리가 보는 빛은 100억 억 년 전에 그 은하를 출발한 빛, 말하자면 100억 년 전 모습이기 때문입니다. 바로 지금의 빛(건재하다면)은 지금 막 그곳을 출발했습니다.

우주의 자연법칙에 따라 상호작용하는 은하에는 하나도 똑같은 것이 없습니다. 어느 것이나 개성이 풍부합니다.

새로운 별을 많이 만들어 내는 은하도 있고, 늙은 별들만 있는 은하도 있습니다.

은하끼리 한참 심하게 부딪치는 중이거나, 곧 부딪힐 것 같거나, 이미 합체한 뒤의 모습일 수도 있습니다.

모습도 다양합니다. 화려한 불꽃 같기도 하고 우주를 떠다니는 해파리 같기도 하고 차양이 있는 모자 같기도 합니다.

방금 똑같은 것은 없다고 말했지만, 은하를 조사할 때는 크게 3가지 유형으로 분류할 수 있습니다.

나선팔을 가진 '나선은하'와 나선팔이 없는 '타원은하', 둘 다 아닌 '불규칙은하'입니다.

우리 은하계는 나선은하로 분류됩니다.

참고로 일본 국립천문대에서는 '갤럭시 크루즈(GALAXY CRUISE)'라고 하는 일반인에게 시민천문학자로서 은하의 분류에 참여하게 하는 획기적이고 재미있는 기획을 실시하고 있습니다.*

---

* 천문학 지식에 자신이 없어도 즐겁게 참가할 수 있습니다. 참가하려면 태블릿이나 컴퓨터 등의 단말기가 필요합니다. http://galaxycruise.mtk.nao.ac.jp/

각각의 은하는 우주에 단독으로 둥둥 떠 있는 것이 아닙니다. 대부분은 은하가 모인 '은하군'이라든지, 그보다 규모가 큰 집단인 '은하단'이라든가, 여러 개의 은하단이 모인 '초은하단'이라고 불리는 은하의 대집단에 속해 있습니다.

우리 은하계는 '국부은하군(局部銀河群, Local group)'의 일원입니다. 국부은하군은 더 큰 '처녀자리 은하단(Virgo cluster)' 근처에 있어 처녀자리 은하단 모두 더 큰 '처녀자리 초은하단(Virgo Supercluster)'의 일원이기도 합니다.

즉 당신도 나도 처녀자리 초은하단의 일원이고, 국부은하군의 일원이며, 은하계의 일원이며, 태양계의 일원이며, 지구 생명의 일원인 것입니다.

이상하게도 우주공간에는 은하가 전혀 없는 곳도 있습니다. 이를 보이드(void)라고 합니다. 이 보이드나 은하군이나 은하단이 모인 모습을 줌아웃해서 큰 곳에서 조감해 보니, 은하가 마치 거미줄처럼 그물코처럼 몰려 있는 것을 알 수 있었습니다.

이것은 우주 전체의 초 거대한 구조로 '우주의 대규모 구조'라고 불립니다.

대규모 구조가 생긴 것은 우주의 처음에 작은 얼룩이 있었던 것과 중력으로 물건을 끌어당기는 암흑물질이 있는 것이 크게 관련되었다고 생각됩니다.

미지의 문 너머에

앞에서, 먼 우주를 보면 우주의 옛날을 알 수 있다고 한 것을 기억하시나요?

'멀리 본다'는 것은 '과거를 본다'는 것입니다.

사람이 알 수 있는 가장 오래된 우주는 우주가 태어난 지 40만 년 남짓한 빛입니다. 이 빛은 '우주 마이크로파 배경 복사(cosmic microwave background radiation ; CMBR)'라고 불립니다. 우주의 어느 방향에서나 오는 빛으로서 관측할 수 있고, 우주가 불덩어리였을 때의 모습을 전하고 있습니다.

우주의 처음 모습이나 먼 천체의 행동을 자세히 조사해 보니, 또 기묘한 것을 알게 되었습니다.

우주는 팽창하고 있고, 게다가 그 팽창 상태가 빨라지고 있는 것 같습니다. 하지만 이러한 현상은 최초 빅뱅의 기세만으로는 설명할 수 없습니다.

이 '부푼 반죽' 같은 수수께끼의 에너지는 암흑 에너지(Dark energy)라는 이름이 붙었습니다. 암흑 에너지는 지금으로서는 암흑물질 이상으로 태생을 전혀 할 수 없습니다.

이거 큰일이네요.

이러한 불가사의를 설명하려고 하면, 우주를 구성하는 성분 중 우리가 일반적으로 보거나 만지거나 상상할 수 있는 것을 전부 상상해서 더해도, 우주의 아주 작은 부분에 불과하다는 것을 알게 되었습니다.

예를 들어, 꽃이나 나무, 벌레, 돌, 당신의 손, 발, 몸, 컵, 스마트폰, TV, 게임 앱, 건물, 바다, 산, 강, 구름, 지구, 태양, 별, 은하… 생각나는 것은 우주를 구성하는 것의 단 5%밖에 되지 않습니다.

우주의 70%가량이 정체 모를 암흑 에너지입니다.

나머지 30% 미만은 아까 말한 암흑물질로 이것도 정체를 알 수 없습니다.

즉 '당신도 나도 지금 정체불명의 것들이 지배하는 세계'에 있는 것입니다.

도대체 앞으로 우주는 어떻게 되는 것이고, 우리는 그 웅장한 스토리의 어디쯤 있는 것일까요?

우리가 있는 시간과 장소를 알았다고 생각했는데, 우리는 아직도 거대한 수수께끼와 신비 앞에 있는 것 같습니다.

내가 나의 작은 내면을 펼친다 해도 인간 사회에서는 겨우 한 조각일 수밖에 없듯이, 사람들이 탐구하고 쫓는 것들이 어쩌면 앞으로도 우주의 극히 일부일지도 모릅니다.

그래도 우리는 문 너머 세상을 조금 더 알고 싶어서, 한 걸음 또 한 걸음 앞으로도 도전을 계속할 것입니다.

사람은 태어날 때부터 모르는 것을 알고 싶어 하고,* 더 넓고 큰 세계를 마음으로 소망하는 생물입니다. 그렇게 하루하루 작은 도전을 하며 헤매면서 생명의 시간이라는 일상을 보냅니다.

---

* 고대 그리스 철학자 아리스토텔레스의 명언 중 하나로, 저서 『형이상학』 서두에 '모든 인간은 선천적으로 알고자 하는 욕망이 있다'라고 쓰여 있습니다.

사람은 그런 것이고 그것으로 좋다는 것일지도 모르겠다
는 생각을 하면서, 나는 식은 커피를 다 마시고 푸른 하늘
로 눈을 돌립니다.

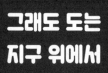

그래도 도는
지구 위에서

별 아래에서 이어지는
지혜와 탐구

1999년 여름, 나는 헝가리 초원에 앉아 있었습니다.

개기일식에 맞추어 개최된 신진 연구회에 참가하게 되었습니다.

일식은 달이 태양 앞을 지나가며 햇빛을 가리는 천체 현상입니다.

그중에서도 태양을 완전히 가려 버리는 개기일식은 낮의 밝은 하늘이 완전한 흑암으로 변하는 진귀한 이벤트입니다.

나도 지식은 있었지만, 알고 싶어 했을지도 모릅니다.

그것은 처음 겪는 환상적이고 일상과는 다른 풍경이었

습니다.

우선, 태양의 변화를 느끼지 못할 때부터 쌀쌀해집니다.

가만히 있어도 땀이 날 정도의 한여름이었는데, 어느새 찬 바람이 불기 시작하고 조금 어둑어둑해지기 시작했습니다.

이변을 느낀 것인지, 말 몇 마리가 히힝 울고, 새와 나비가 바쁘게 저공비행을 합니다.

그리고 더욱 주위가 어두워지고 마침내 태양 빛이 사라진 순간. 여름 낮에 어둠이 내려앉았고, 360도의 지평선은 아침노을로 물들었고, 하늘에는 별들이 반짝반짝 빛나기 시작했습니다.

말은 이제 아무 소리도 내지 않고 가만히 있습니다.

어두워서 새나 나비의 모습을 볼 수 없었지만, 기척이 사라지고 있습니다.

반면, 인간은 난리입니다.

각국에서 모인 사람들에게서 환호성이 터져 나왔고, 어떤 사람은 휘파람을 불고, 어떤 사람은 카메라 셔터를 눌렀고, 연인은 서로 껴안고 있었습니다.

하지만 만약 몇 분 후에 달이 지나가고 태양이 다시 얼굴을 비춘다는 것을 몰랐다면, 정말 깜짝 놀랄 것이고, 세상에 무서운 일이 일어났다고 느꼈을 것입니다.

담담하게 진행되는 우주의 사건을 보며, 그때의 내 감정이 희로애락의 어느 것이었는지 사실 잘 표현할 수 없었습니다.

단지 한 줄기의 빛이 달빛 뒤에서 쏟아져 나오는 순간에, 밤은 낮이 되고, 여름이 돌아오고, 말은 소리를 지르고, 나비가 날고, 새의 모습이 보이며, 순간 '나는 살아 있다'고 느꼈습니다. 가까이 있던 아주머니가 나를 보고, "어머, 당신 울고 있네요"라고 하며 내 등을 토닥여 준 것이 기억납니다.

하늘이 가르쳐 주는 것

고대 사람들은 하늘을 유심히 관찰하여 생활에 도움을 얻었습니다. 물론, 시계도 GPS도 없는 시대였습니다.

해가 뜨고 지고 달이 차고 기우는 것은 시간이 흐르고 있다는 것을 가르쳐 주었습니다.

항상 같은 방향에 있는 별은 여행하는 사람들에게 가는 길이 어느 쪽인지 알려 주었습니다.

고대 이집트 사람들은 큰개자리의 '시리우스'라는 별이 일출 직전에 보이면, 이제 곧 나일강이 범람하는 계절이라는 것을 알게 되었습니다. 그들은 자연재해로부터 몸을 보호하고, 파종을 위해 흙이 영양 가득한 상태가 되는 타이밍을 별을 통해 알게 된 것입니다.

별자리의 별들과는 하늘에서의 행동이 다른 행성들은 때로는 우울한 인간 사회의 운세와 연결되기도 했습니다(현대의 별점은 이때부터 생겨난 것 같습니다).

하늘에 꼬리를 끄는 혜성(꼬리별)이나 일식 등 갑자기 일어나는 하늘의 사건은 불길의 전조라고 여겼습니다.

지금처럼 과학과 미신이 확실히 구분되지 않았던 시대였습니다.

고대 사람들에게 하늘의 사건은 지금과는 비교할 수 없을 정도로 신비롭고 엄숙한 현상으로 보였을 것입니다.

반대로, 현대의 우리는 일식이 왜 일어나는지 과학적으로 알게 되었습니다.

태양의 위치를 몰라도 시각을 알 수 있고, 내비게이션을 이용하면 여행지에서 곤란한 일도 줄어들고, 모르는 것은 스마트폰이나 컴퓨터로 검색하면 순식간에 여러 지식을 알려 줍니다.

생각해 보면 대단한 일입니다.

사람에게 주어진 운명의 시간은 기껏해야 100년도 채 되지 않습니다. 당신이나 나 혼자의 힘으로는 절대 이렇게 되지 않습니다.

인간의 특별함 중 그 첫 번째는 자신들의 뛰어난 지혜(예지)를 세대를 초월하여 이어가고 있다는 점입니다.

지혜의 릴레이에는 반드시 '기록(데이터)'이 있습니다.

예를 들어, 새로운 스마트폰이나 TV 드라마, 혹은 좀 더 간단한 편의점 도시락 메뉴도, 무엇이든 갑자기 완성품을 낼 수 없습니다.

많은 테스트를 거듭하고, 실패할 때마다 연구하고, 그 경험과 기록을 바탕으로 사람들은 조금씩 앞으로 나아가는 것입니다.

그 결과로 지금과 같은 일상이 있게 된 것이고, 우리가 살고 있는 이곳이 바위 행성 위라는 것을 알게 되었고, 인간은 공룡과 달리 '모르는 것이 약'인 상태로 있지 않게 된 것입니다.

평소 생활에서는 그다지 신경 쓰지 않겠지만, 경험이나 기록이라는 것은 내일의 자신을 위해 매우 중요하다는 것을 기억하세요. 왜냐하면, 이 세상에는 인류의 예지를 무시하거나 배제하는 일이 너무 쉽게 일어나기 때문입니다.

예를 들어, 5세기 알렉산드리아에 히파티아(Hypatia)라는 학자가 있었습니다. 매우 총명한 사람으로 수학자이자 천문학자, 교사로서 많은 사람에게 존경을 받았습니다.

하지만 동시에 그녀의 과학적이고 학술적인 사고방식이나 태도는 질투도 불러일으켰습니다. 신앙이나 사상이 어긋나 궁지에 몰리더니, 결국 폭도에게 습격당하고 말았습니다. 아주 잔인하고 끔찍한 최후였다고 전해집니다.

근세 이탈리아에서는 지구나 태양이 우주의 중심이 아니라고 말한 조르다노 브루노(Giordano Bruno)라는 수도사가 교회의 가르침을 어겼다는 이유로 화형을 당했습니다.

이러한 뛰어난 지혜를 가진 사람들이 많은 사람의 생각과 맞지 않거나, 권력을 가진 사람들의 마음에 들지 않는다는 이유로 사라져 버리고, 그들이 전하려 했던 지혜의 릴레이는 그 가치를 이해하지 못하는 사람들에 의해 끊어지고 말았습니다.

예지 그 자체인 책을 그다음 세대로 전할 수 없는 일도 자주 생겼습니다. 진시황이 행한 분서(焚書, 책을 불태워 버리는 일)도 그중 하나입니다.

같은 시대의 고대 알렉산드리아에서는 도서관에 책을 열심히 모으고 있었습니다. 하지만 그 도서관도 수백 년 후에는 헐리고 말았습니다.*

겨우 손에 넣은 예지를 우리는 시대의 흐름 속에 몇 번이나 놓치고 잃어버린 것입니다.

지혜를 이어가기 위해서는 당신과 나를 포함한 많은 사람이 그 가치를 알고 의식적으로 관리하거나 보관하는 '분

---

* 『책 파괴의 세계사』(페르난도 바에스 지음, 야에가시 카쓰히코 · 야에가시 유키코 번역, 기이쿠니야 서점)에 따르면, 알렉산드리아 도서관 파괴에 대해서는 로마인이 파괴했다, 지진으로 무너졌다, 사회가 불안정해서 도서관 유지에 신경 쓰지 못했다는 등 여러 가지 설이 있습니다.

위기'가 필요합니다. 물론, 그것은 천문학에만 국한된 이야기는 아닙니다.

나눔의 시대

천문 세계에서는 이런 지혜의 릴레이가 있었습니다.

지상에서 높이 600km의 우주공간에 떠 있는 허블 우주망원경의 이름이 된 에드윈 허블(Edwin Powell Hubble)은 은하계 밖에도 우주가 펼쳐져 있다는 것과 다른 은하들이 우리에게서 점점 멀어지고 있다는 것을 발견한 천문학자입니다.

그의 발견은 20세기의 대발견이었습니다.*

왜냐하면, 이 발견 이전에는 우리가 있는 은하계야말로 우주의 전부로, 우주는 움직이지도 않고 시작도 끝도 없다

---

* 벨기에 우주물리학자이자 사제였던 조르주 르메트르(Georges Lemaître)는 허블의 논문 발표 2년 전에 이미 아인슈타인 방정식에서 우주가 팽창하고 있다는 것, 먼 은하일수록 빠르게 멀어지고 있다는 것을 발견하고 논문으로 발표했습니다. 우주의 팽창을 나타내는 법칙은 여러 경로로 오랜 세월 '허블의 법칙'으로 불리다가, 르메트르의 위대한 공헌에 경의를 표하여 현재 국제천문연맹이 '허블 르메트르의 법칙'이라고 부를 것을 권장하고 있습니다.

고 생각하는 사람이 많았기 때문입니다.

그것이 '우주는 광대하고 무상하다'는 것을 알고 깜짝 놀랐고, 인간의 우주관은 이 발견을 계기로 완전히 바뀌기 시작했습니다.

하지만 세상의 모든 성과와 마찬가지로 이 대발견도 허블 혼자의 노력만으로 실현된 것은 아닙니다.

수년 전의 관측 데이터(기록)를 귀중품으로 보관하고 있던 사람과 자신의 데이터를 아낌없이 공개한 슬라이퍼(Vesto Melvin Slipher)라는 연구자의 존재처럼, 허블의 발견에는 '과거의 데이터'가 중요한 역할을 한 것입니다.

허블이 사용한 '천체의 거리를 측정하는 방법'도 먼저 리비트(Henrietta Swan Leavitt)라는 굉장히 끈기 있는 연구자가 발견한 것이었습니다.

게다가 '크고 성능이 좋은 망원경'은 허블이 자유롭게 사용할 수 있는 상태가 되어 있었습니다.

허블의 대발견은 모두가 조금씩 이어온 지혜와 연구가 만반의 준비로 꽃 피운 것이었습니다.

천문학에는 '데이터베이스 천문학'이라는 연구 방법이

있습니다.

이것은 과거의 데이터를 잘 관리하여 누구나 사용할 수 있는 상태로 만들어둠으로써, 다른 데이터와 조합하거나 누군가의 발견을 확인(검증)하는 연구 방법입니다.

예를 들어, 우주를 향해 찰칵 촬영한 사진(데이터)에는 무수한 별이나 은하가 찍혀 있습니다. 그것은 우주의 어느 순간, 어느 장소를 찍은 유일무이한 기록입니다. 거기에는 최초의 연구 목적과는 다른, 대발견으로 이어지는 뜻밖의 현상이나 지구의 위기를 구할 '무언가'가 찍혀 있을지도 모릅니다.

하지만 그냥 내버려 두면, 귀중하고 방대한 데이터는 일회용이 됩니다. 그렇게 되지 않기 위해서라도 '데이터베이스 천문학'은 화려하지는 않지만, 아주 중요한 연구 방법입니다.

최근에는 연구 성과나 데이터를 인류를 위해서 공개하는 '오픈 사이언스(Open Science)'라고 하는 세계적인 움직임도 있습니다. 이것은 말하자면, 전 세계적으로 지식이나 정보나 성과를 공유하고 함께 앞으로 나아가자는 흐름입니다.

그 흐름은 2020년 전 세계가 신종 코로나바이러스 감염증(코비드-19)으로 우왕좌왕하기 시작했을 때도 볼 수 있었습니다.

바이러스의 위협으로 인해 우리는 일상의 삶뿐만 아니라 생명의 위기에도 직면하여 답이 보이지 않는 상황에 놓였습니다. 그러던 중 재빨리 감염증에 관계한 연구 데이터를 국제적으로 공유하자는 움직임이 있었습니다.

연구자는 평소에는 차분하고 신중하게 시간을 들여 결과를 연마해 나갑니다. 신뢰할 수 있는 데이터인지 엄격하게 조사해서 논문 등으로 성과를 세상에 내놓기 전까지는 연구 데이터를 공개하지 않는 경우가 많습니다.

하지만 인간의 위기를 앞에 두고 우물쭈물하다가 사라지는 생명을 어떻게 해서든 구하겠다고, 그들은 소속 기관과 국경과 민족을 넘어, 정보를 공유하며 전염병과 싸우고 함께 이겨 나가고자 했습니다.

우리 인간은 미신의 시대를 벗어나고자 지금도 계속 도전과 모색을 하는 중입니다.

평소 앉아 있던 그 의자도, 등불도, 방도, 이 책도, 평화로운 아침이 찾아오는 것도 많은 지혜의 릴레이에 힘입은 것이라고 할 수 있습니다.

그런 눈으로 다시 한번 주위를 하나하나 둘러보면 좋겠습니다.

360도 어디를 둘러봐도 당신의 삶에서 당연한 것은 아무것도 없을 것입니다.

같은 하늘 아래에서

다시 어두운 우주공간에서 지구를 내려다봅시다.

그건 어떤 풍경일까요?

파랑, 구체, 물, 공기, 바다, 땅, 구름, 바람, 빛…

생각나는 대로 단어를 적어 봐도, 어쩌면 이 행성을 설명하기는 어려울지 모르겠습니다.

이 대지에는 셀 수 없이 많은 생명과 일상이 넘쳐나고, 그들은 자전하는 행성에 탄 채로 태양 빛이 비치는 낮과 비치지 않는 밤을 번갈아 지냅니다.

그 한 바퀴의 회전이 그들이 열심히 사는 '하루'라는 시간의 길이입니다.

무수한 생명 하나하나마다 태어난 순간이 있고 사라지는 순간이 있습니다. 그리고 그들은 생명이 있는 한 열심히 살려고 합니다.

그중 하나의 생명인 당신은 우연히도 이 책을 만나 지금 거기에 있습니다.

이 책을 읽으면서 우주의 신비나 생명의 신비에 설레는지, 두근거리는지, 불안을 느끼는지, 안심하고 있는지, 의문스럽게 생각하는지… 세상이 아무리 넓어도 그것은 당신 자신만이 알 수 있는 일입니다.

아폴로 11호가 달에 착륙하기 반년 전에, 아폴로 8호가 달로 떠났습니다. 인간이 지구를 멀리 떠나는 것은 이것이 처음이었습니다. 아폴로 8호의 임무는 '사람을 태우고 달을 돌아 지구로 돌아온다'는 것이었습니다.

먼 달까지 갔는데 착륙을 못 한다니, 8호 비행사들은 조금 아쉬웠을지도 모르겠네요. 하지만 그들은 여행 도중 어떤 광경을 보게 됩니다.

처음으로 자신들의 고향인 지구의 전경을 본 것입니다.

지구는 '구체'였습니다.

지구가 둥글다는 것은 기원전 3세기 무렵의 에라토스테네스(Eratosthenes)라는 학자도 생각하고 있었습니다. 16세기에 세계여행을 한 마젤란(Ferdinand Magellan)은 지구가 둥글기 때문에 세계를 빙 돌기로 했습니다.

하지만 아무도 지구 전체의 모습을 본 적이 없었습니다.

아폴로 8호 승무원들이 본 것은 인류가 처음 본 '지구는 둥글다'는 결정적인 현실이었습니다.

그들이 달을 도는 궤도에서 촬영한 '지구돋이(Earthrise)'라

아폴로 8호가 촬영한 '지구돋이(Earthrise)' (한국어판 간행에 따라 추가. 사진 출처 https://www.nasa.gov/image-feature/apollo-8-astronaut-bill-anders-captures-earthrise)

는 사진이 있습니다.

사진에는 앞에 회색의 달 지평선이 찍혀 있습니다.

배경은 밋밋한 검은색 일색으로 그곳은 인간의 이해를 훨씬 뛰어넘는 깊은 공간입니다.

그 검은색뿐인 중앙에 회색 달과는 대조적으로 푸르게 빛나는 구체가 떠 있습니다.

구체는 표면에 얇고 투명한 공기를 감고 우주에서는 보기 드문 액체의 물을 가졌으며, 모습은 보이지 않지만 무수한 생명을 안고 있습니다.

보이저 1호와 2호는 1977년 태양계 탐사를 위해 발사된 두 대의 무인탐사기입니다. 두 대 모두 다시는 돌아오지 않는 여행을 지금도 계속하고 있습니다.

1990년 모든 태양계 미션을 마친 보이저 1호에 추가 지령이 내려졌습니다. 제8 행성인 해왕성의 궤도 밖으로 60억km 우주공간에서 뒤로 돌아 '이쪽을 사진으로 촬영하라'는 것입니다.*

---

* 칼 세이건 박사의 제안으로, 촬영은 1990년 2월에 했습니다.

촬영한 일련의 사진은 '태양계 가족사진(Family Portrait)'이라고 부릅니다.*

그중 한 장에, 언뜻 보기에 검은 배경뿐인 사진을 들여다보면, 희미하게 빛나는 점으로 우리 지구가 찍혀 있습니다.

'Pale Blue Dot(창백한 푸른 점)'이라고 불리는 사진입니다.

보이저 1호가 촬영한 'Pale Blue Dot(창백한 푸른 점)' (한국어판 간행에 따라 추가. 사진 출처 https://www.nasa.gov/feature/jpl/pale-blue-dot-revisited)

* '행성 사진(Portrait of the Planets)'이라고도 합니다._옮긴이 주

거기에 찍힌 지구의 너무 작은 크기, 덧없음에 많은 사람은 할 말을 잃었습니다.

보이저 탐사기에는 '골든 레코드(Golden Record)'가 실려 있습니다.

레코드에는 지구상의 풍경과 생물의 사진, 소리, 여러 언어의 인사말 등이 수록되어 있습니다. 그것은 보이저가 먼 미래에 만날지도 모르는 외계인에게 보내는 메시지입니다.

메시지 중에는 발사 당시 미국 대통령 지미 카터의 편지도 있습니다. 그 일부를 소개합니다.

> 우리는 우주로 이 메시지를 보냅니다.
> 10억 년 후, 문명이 크게 변하고, 지구 표면이 크게 바뀌는 미래에도, 이 메시지는 살아 있을지도 모릅니다.
> (중략)
> 이것은 멀리 떨어져 있는 작은 행성에서 보내 드리는 선물입니다.
> 여기에는 우리의 소리와 과학과 모습과 감정, 음악이 들어 있습니다.

우리가 직면한 여러 문제를 해결하고 언젠가는 우리은
하 문명과 함께하길 기원합니다.
이 레코드는 우리의 소망, 결의 그리고 위대한 우주에
대한 경의를 담은 것입니다.

– 미국 대통령 지미 카터
백악관 1977년 6월 16일

지구 위에 산다는 것

나는 아이들이나 부모들에게 'Pale Blue Dot' 사진을 자
주 보여 줍니다.

이 사진과 시점은 보는 사람마다 많은 것을 이야기하는
것 같기 때문입니다. 행사 말미에 잡담을 나누다 보면, 어
린아이들은 요즘 외운 별이나 별자리의 이름, 할아버지 댁
이나 친척 집에서 별똥별을 본 것을 눈을 반짝이며 알려 줍
니다.

어른들은 달 착륙의 중단을 이웃들과 본 일이나 여행에

서 밤하늘의 추억 이야기, 최근의 천문 이벤트도 화제가 됩니다.

어느 날 한 젊은 엄마가 "감사합니다"라고 하며 내게 달려왔습니다. 아이를 데리고, 엄마 친구와 함께 참가했던 여성이었습니다.

정리를 하면서 '저도 감사합니다.' 인사를 하고, 문득 그녀의 얼굴을 보자 부드러운 표정의 두 눈에서는 주르르 눈물을 흘리고 있었습니다. 그녀는,

"어머니가 매우 편찮으신데… 지금 함께 지구에 살고…."

그 말뿐이었지만, 무슨 말을 하고 싶은지 전해지는 것 같았습니다.

우리는 소중한 사람과의 이별이 가까워지거나 생사에 직면할 때, 바위 대지의 지혜가 마침내 자신의 일로 이해될 수 있을 것입니다.

그녀가 어머니와의 시간을 넓은 시점으로 다시 파악한 것처럼, 사람들이 오랫동안 이어온 지혜를 일상의 나 자신의 일로 실감할 수 있을 때, 우리 각자의 생명의 시간은 어쩌면 조금 부드럽고 평온해질지도 모릅니다.

우리는 여러 곳에서, 여러 생각을 하며 하늘을 봅니다.

'달이 동그랗네, 저 별은 뭘까, 신기하네, 예쁘구나.'

설레는 마음으로 별을 찾는 사람도 있는가 하면, 우주의 구조를 연구하는 사람, 헤어진 누군가를 생각하는 사람, 나처럼 하늘을 보며 내일 점심을 걱정하는 사람도 분명히 있을 것입니다.

그리고 그것에 대한 생각에 마음을 기울이면 문득 생각이 납니다.

같은 하늘 아래, 온 세계에서 이 하늘 아래 사는 모든 사람이.*

하늘을 보고 무언가를 생각하고, 대지에서 열심히 살아가는 자신이 조금 사랑스럽게 느껴지는 날에는 만난 적이 없는 누군가를, 만났던 누군가를 생각해 보세요.

당신을 감싸는 투명한 공기, 바람, 냄새, 소리, 색깔, 단

---

* 유엔 보고에 따르면, 생명을 지키기 위해 모국, 살고 있는 지역을 떠날 수밖에 없는 상황에 있는 난민과 피난민은 2020년 말 약 8,240만 명에 달합니다. 난민이 생기는 원인인 전쟁이나 분쟁의 역사는 지금도 계속되고 있습니다. 천문학 교육 분야에서는 난민캠프의 아이들과 수용하는 쪽 아이들이 함께 놀면서 우주를 배우거나, 역사적으로 복잡한 배경을 가진 서로 다른 민족의 아이들이 함께 우주를 알고, '지구시민' 의식과 시각을 갖는 노력을 하고 있습니다. 국제천문연맹은 이러한 활동을 '하나의 하늘 아래서(Under One Sky)'라는 캐치프레이즈로 지원하고 있습니다.

단한 대지, 발밑의 작은 생명, 하늘을 나는 것, 물속을 헤엄치는 것, 땅을 달리는 것을 기억하세요.

그것은 당신의 이야기, 살아 있는 일상 그 자체입니다.

지상 어디에 있더라도 하늘은 당신 바로 위에 있습니다.

때로는 하늘을 올려다보세요.

그곳은 수수께끼와 설렘이 가득한 광대한 공간, 지구상의 모든 것과 이어지는 하늘, 당신이 살아가는 무대입니다.

내일과 거기부터 계속되는 하루하루가 당신에게 따뜻하기를 바랍니다.

마치며

'우주는 어디까지일까?'

'저 별에서 이쪽을 보고 있는 외계인이 있을지도 몰라.'

'나는 왜 여기에 살아 있는 걸까?'

어렸을 때 그런 생각을 하고, 두근거리거나 잠을 이룰 수 없던 사람이 분명 많을 것입니다.

나도 그랬습니다.

초등학생 때 어느 날 베란다에서 밤하늘을 보고 있는데 '우주의 끝'이 어떻게 되어 있는지 너무나도 알고 싶어졌습니다.

안절부절못하던 나는 일을 마치고 돌아온 아버지에게 우주의 끝은 어디냐고 물었습니다.

아버지는 우주를 매우 좋아하셔서 바쁜 틈을 타서 소형 망원경을 들고 밤하늘을 자주 보곤 하셨습니다. 어린 나도 뒤따라가 부지런히 준비하는 모습을 지켜 본 적이 있습니다.

정신없이 망원경을 들여다보는 아버지의 옆모습은 두근거림이 멈추지 않는 소년이었습니다.

"인간은 우주의 끝을 잘 몰라. 오히려 우주가 어떻게 생겨나고, 앞으로 어떻게 될지도 확실하게는 모르는 거야."

어른들은 모든 걸 알고 있다고 생각했던 나는 아버지의 솔직한 대답에 충격을 받았습니다.

자기가 지금 있는 장소가 어디인지 모르고, 지금이 언제인지 모른다니.

여긴 어디지? 나는 누구지? 세상은 그것도 모른 채 움직이고 있는 거야?

저녁 식사와 반주하시는 아버지 옆 발밑에서 몸이 붕 뜬 듯한 이상한 느낌이 들었던 것이 기억납니다.

시간은 흘러 고등학생이 되었을 때 생일에 부모님께서 우주비행사들이 촬영한 지구 사진집을 선물로 주셨습니다. 그중 한 장의 사진에 또 충격을 받습니다. 그것은 책 양쪽 페이지에 걸쳐서 나온 지구를 클로즈업한 일부 모습이었습니다.

섬뜩할 정도로 캄캄한 우주, 대지와의 경계에서 환상적인 빛을 발하는 대기층. 그 너무 얇음과 거리가 먼, 상상을 초월하는 아름다움에 시선을 뺏겨 허구한 날 그것만 쳐다봤습니다.

결코 재주가 없는 나였지만, 다행히도 서로 이끌어 줄 수 있는 좋은 동료를 만나서 재수 끝에 우주에 대해 배울 수 있는 대학에 진학했습니다.

그 후에도 결코 스마트한 길은 아니지만, 50대를 맞이한 지금, 아이들이나 부모 자식과 함께 우주 이야기를 하고 있습니다.

아이들은 별이나 우주에 관한 이야기를 매우 좋아합니

다. 어른들도 삶의 이러저러한 일을 잊고 아이의 눈이 됩니다.

★

이 책에서 반복적으로 이야기한 '우주의 시선'은 궁극적인 크기의 크고 작음, 길고 짧음을 '자신의 일'로 파악하는 시점입니다.

우주를 자기 자신만의 방식으로 이해한다는 것은 우주에 떠 있는 작은 구체, 그보다 더 작은 그 표면의 일부인 정말 한정된 곳에서 살아가고 있는 '나 자신을 아는' 것이기도 합니다.

'우주를 안다는 것은 궁극의 통찰력'인 것입니다.

만약, 지금 당신 앞에 있는 문제로 꽉 막혀 있다면, 한숨 내쉬고 마음만이라도 우주로 뛰어나가 보세요.

위도 아래도 오른쪽도 왼쪽도 없는 암흑 공간 한쪽에서 세계와 상호작용하면서 열심히 발버둥 치고 있는, 대신할 수 없는 자기 자신을 '우주의 시선'으로 바라보시길 바랍니다.

아무렇지 않은 오늘이라는 날은, 우주공간을 떠다니는 바윗덩어리 위에서 일어나고 있습니다.

지금도 대지는 움직이고, 하늘에는 아직 발견하지 못한 것을 포함해 많은 천체가 지구를 스치고 있습니다.

우리에게는 서로의 사소한 차이 때문에 으르렁 대며 물고 늘어질 시간이 없습니다. 그리고 평범하고 하찮은 것 같은 일상도 처음에는 어디에도 없었습니다.

지적이고 편리한 생활을 하고 있는 것 같아도, 우리는 우주에서 보면 과거에 사라진 다른 생물들과 마찬가지로 덧없는 위치에 있고, 그렇기 때문에 개개인은 무엇과도 바꿀 수 없는 존재이기도 합니다.

그런 우리는 달 착륙을 인류의 위업이라고 기뻐했듯이, 지금도 세계 곳곳에서 큰 꿈과 희망, 설렘, 예술, 연예, 스포츠, 학문, 일상생활을 통해 앞으로 나아가고자 하는 중입니다.

사소한 실수도 있지만, 함께 하는 저력과 자부심을 가진 우리는 지구 역사상 보기 드문 풍요롭고 복잡하고 깊은 정취를 지닌, 사랑스러운 존재이기도 합니다.

　우주와 지구를 무대로, 혼자서 할 수 있는 것도 분명 많이 있습니다.

　우주란 이렇게 친근하고, 재미있고, 아름답고, 장대하고, 그리고 무엇보다 당신이 살아가는 무대라는 것을 깨닫게 되기를 진심으로 바랍니다.

2022년 3월

노다 사치요

덧붙이는 글

  이 책의 가장 큰 주제는 우주가 여러분 한 사람 한 사람의 이야기의 무대라는 것입니다.

  우주에는 우주의 성장이 있고, 그 역사 속에서 지구라는 이 대지가 생기고, 생명이 태어나고, 여러분이 존재하는 것입니다. 이것은 과학적으로 밝혀진 일입니다.

  그렇기 때문에 이 책을 들고 계신 여러분이 '우주 성장의 일부분'이라고 할 수 있습니다. 이것은 시간적인 기준으로 봤을 때의 이야기입니다. 맞아! 정말? 이렇게 반응하며 읽어 주신 분은 시간 여행을 제대로 즐기셨습니다.

  우주에 있는 여러 가지 물질 중에서 골라서 반죽하다 보면 이 대지가 생기고, 생명이 태어나고, 여러분이 존재하는 것입니다. 이것도 과학적으로 밝혀진 일입니다.

그렇기 때문에 이 책을 들고 계신 여러분은 '우주의 일부분'이라고 할 수 있습니다. 이것은 공간적, 물질적인 면에서 봤을 때의 이야기입니다. 맞아! 정말? 이렇게 반응하며 읽어 주신 분은 공간 여행을 제대로 즐기셨습니다.

이 책을 통해 어렸을 때 느끼던 소박한 의문, 지금까지의 생활 경험에서 얻은 것, 학교 안팎에서 배운 것과 들은 것이 연결되어 시원하게 파고드는 큰 시야를 얻은 놀라움과 기쁨을 어른이 된 지금, 즐기시지 않았을까 생각합니다.

우리는 모두 시공간을 상상으로 뛰어넘는 엄청난 능력이 있습니다. 그 능력을 이용하여 우주가 자기 이야기의 무대라는 것을 마음껏 느껴 주신 것입니다.

여러분이 얻은 넓은 시야가, 앞으로의 사회의 번영으로 이어지길 바랍니다.

와카야마대학 교수

도미타 아키히코(富田晃彦)

감사의 글

집필에 있어서 지혜와 협력과 격려, 소중한 경험과 의견 교환의 장을 허락해 주신 많은 분들, 특히 다음의 분들께 깊은 감사의 말씀을 드립니다.

국립천문대 수석교수 와타나베 준이치, 국립천문대 천문 데이터센터 이치카와 신이치, JAXA 연구개발 부문 야나기사와 토시후미, 건강관리사 카르나 모임 대표 구로다 나오, Dark Sky Project의 오자와 히데유키, 타마 신용금고 나카노 에이지, 일반사단법인 호시쓰무기노무라 분들, 고바야시 케이코, 마쓰시타 미와, 나카히라 유미코.

또 출판에 있어서 소시샤 분들, 디자이너 나가이 아야코, 일러스트레이터 주변 분들, 지각 있는 분들과 전문가들 덕분에 멋진 경험을 하게 되었습니다. 특별히 편집부의 요시다 미치코에게 많은 도움을 받았습니다.

이 책 전반은 2년 가까이에 걸쳐 와카야마 대학의 도미타 아키히코가 바쁘신 와중에도 함께 해 주셨습니다. 교육 현장에서의 정확한 지적과 아이디어, 유머러스한 의견교환을 통해 얻은 것은 이루 말할 수 없습니다.

여기에 다 쓰지 못한 분들을 위해 이 책이 있습니다. 여러분 정말 감사드립니다.

마지막으로 이 책을 읽고 계신 여러분과 저에게 무엇과도 바꿀 수 없는 일상을 주신 가족과 친척과 친구들에게 진심 어린 감사를 드립니다.

참고 자료

- 『이과연표 2022』 국립천문대편, 마루젠출판
- 『별과 신화 이야기로 친숙한 별의 세계』 이쓰지 아케미 감수, 후지이 아키라 사진, 고단샤
- 『모두를 위한 생물학 강의』 사라시나 이사오, 다이아몬드사
- https://apps.who.int/iris/bitstream/handle/10665/342703/9789240027053-eng.pdf WHO의 World health statistics2021(세계보건통계 2021판)
- 『잠 못 이루는 우주 이야기』 사토 카쓰히코, 다카라지마사
- 『문명은 <보이지 않는 세계>가 만든다』 마쓰이 다카후미, 아와나미신서
- 『Science Window 2010-11겨울호 특집 인간다움이란 뭘까?』
독립행정법인 과학기술진흥기구 과학커뮤니케이션 추진본부
- 『행성으로(상·하)』 칼 세이건 저, 모리 아키오 감역, 아사히문고
- 『COSMOS(상·하)』 칼 세이건 저, 키무라 시게루 역, 아사히선서
- 『'인신세' 시대의 문화인류학』 오무라 케이치/고나카 신야, 일반재단법인
방송대 교육진흥회
- 『불합리한 진화 유전자와 운(運)의 사이』 요시카와 히로미쓰, 아사히출판사
- 『언제 일어나는 소행성 대충돌』 지구충돌소행성연구회, 고단샤
- 『일본 행성과학회지 놀이·별·사람 제22권 제4호 2013년』
특집 '첼랴빈스키 사건과 천체 충돌 리스크'
- http://www.rt.com/news/russia-meteor-asteroid-chelyabinsk-291/
러시아의 운석낙하 사고의 기사

- 『인류가 사는 우주(제2판) 시리즈 현대의 천문학 1』 오카무라 사다노리 외, 일본평론사
- 『은하 II – 은하계[제2판] 시리즈 현대의 천문학 5』 소후에 요시아키 외, 일본평론사
- 『퍼스트맨 달에 첫 발을 내딛은 닐 암스트롱의 인생(상·하)』 제임스 R 한센 저, 히구라시 마사미치/ 미즈타니 준 역, 가와데문고
- 『우주비행의 아버지 치올콥스키 인류가 우주로 가기까지』 마토카와 야스노리, 벤세이출판
- 『팽창우주의 발견 허블의 그림자로 사라진 천문학자들』 마샤 바투시액 저, 나가사와 코우·나가야마 준코 역, 치진서관
- 『빅뱅의 아버지의 진실』 존 파렐 저, 요시다 미쓰오 역, 닛케이BP사
- 『과학자들은 왜 신을 믿나 코페르니쿠스에서 호킹까지』 산다 이치로, 고단샤
- 『제언 오픈사이언스의 심화와 추진을 향해서』 2020년 5월 28일, 일본학술회의 오픈사이언스의 심화와 추진에 관한 검토위원회
- 『아리스토텔레스 형이상학(상)』 이데 다카시 역, 이와나미문고
- http://planetary.jp/AsteroidDay/ 일본행성협회 아스테로이드 데이 2021 특설 사이트
- http://voyager.jpl.nasa.gov/ 나사 보이저 웹사이트
- http://www.nasa.gov/ 나사 웹사이트
- http://www.nao.ac.jp/ 국립천문대 웹사이트
- http://www.jaxa.jp/ JAXA 웹사이트